AF470232

L'ÉCOLE MUTUELLE

COURS COMPLET D'ÉDUCATION POPULAIRE

HISTOIRE NATURELLE

ÉLÉMENTAIRE

Par A. YSABEAU

ORNÉE DE 50 FIGURES DESSINÉES ET GRAVÉES

PAR ÉMILE YSABEAU

PARIS

AUX BUREAUX DE LA PUBLICATION

5, RUE COQ-HÉRON, 5

HISTOIRE NATURELLE

ÉLÉMENTAIRE

NOTIONS PRÉLIMINAIRES

Comprendre, c'est l'acte de l'intelligence dont on ne se lasse point, c'est le plaisir toujours neuf, qui ne rassasie jamais. Ce plaisir est accompagné de profit quand l'homme donne pour but à ses études de comprendre la nature dont il fait lui-même partie, au sein de laquelle s'écoule son existence, qui contient en elle tout ce qui peut contribuer à son bien-être.

Peu d'hommes, parmi ceux qui consacrent leur temps et leurs facultés à l'étude de la nature, peuvent aspirer à savoir à peu près tout ce qu'il nous est donné d'en connaître. Mais les notions d'histoire naturelle qui suffisent pour nous permettre de saisir l'ensemble, d'admirer en pleine connaissance de cause, sont à la portée de tout le monde; il n'est, pour ainsi dire, permis à personne de les ignorer.

A mesure que l'homme fait un plus fréquent usage de sa faculté d'apprendre et de retenir, le monde s'agrandit à ses yeux ; l'idée qu'il se forme de l'ensemble des êtres prend de plus larges proportions, il éprouve un plus vif désir d'avoir l'intelligence de ce qu'il lui est donné d'observer en dehors de lui-même.

Vers la fin du dernier siècle, le capitaine anglais Wilson, commandant le navire l'*Entreprise* (*Endeavour*), fit naufrage, en revenant de la Chine en Europe, sur la très petite île d'Orolong, l'une des îles Pelew ou de Palaos, où jamais navigateur européen n'avait abordé avant lui. Les sauvages qui habitaient ces îles ne se doutaient pas qu'il existât ailleurs d'autres terres peuplées d'autres hommes ; le très petit groupe d'îles hors des parages duquel ils n'avaient jamais navigué était pour eux le monde entier : ils se croyaient de très bonne foi le genre humain. Ceux qui n'ont jamais réfléchi à l'immensité de l'Univers, à l'infinie variété des êtres qu'il renferme, sont un peu comme ces braves sauvages : ils soupçonnent à peine l'existence de la plupart des merveilles de la nature.

Pour la connaissance des mondes sans nombre, semés comme des grains de poussière dans l'espace auquel l'homme ne peut assigner des limites, le lecteur est prié de recourir au volume de notre collection consacré à la Cosmographie. Je rappelle seulement que notre Planète, sans être la plus petite de notre système, n'est pas du nombre des plus grosses. Posez sur une table un boulet de 12, et, à côté de ce boulet, un pois sec; la proportion entre le volume de ces deux corps est assez exactement celle du volume de la Terre comparé à celui du Soleil.

On ne peut faire sur la formation de la terre que des suppositions plus ou moins hasardées; celle du savant chimiste Lavoisier semble la plus acceptable. Tous les corps, sans exception, subissent, sous l'influence de la chaleur, divers changements que tout le monde connaît; c'est ainsi notamment que la glace fondue devient de l'eau, et que l'eau suffisamment chauffée devient de la vapeur. Partant de ce simple fait, voici comment raisonne Lavoisier.

Admettez que, par une cause quelconque, la température moyenne de notre atmosphère passe de 10 à 11 degrés (moyenne actuelle) à 100 degrés, chaleur de l'eau bouillante. L'eau de tous les fleuves, de tous les lacs, de toutes les mers, passera à l'état de vapeur; la vie animale et la vie végétale cesseront d'être possibles. Élevez par la pensée la chaleur à 300 degrés; vous aurez des ruisseaux de plomb, de zinc, d'étain; ces métaux couleront, comme le mercure coule à la température actuelle. Portez cette supposition à ses extrêmes limites; il n'y a pas de chaleur, si forte qu'elle soit, qu'on ne puisse concevoir encore plus forte, pas de froid qu'on ne puisse concevoir encore plus froid. Vous arriverez à des températures progressives qui d'abord feront passer toute la substance de la terre à l'état incandescent, puis à l'état de fusion, puis à celui de vapeur; cette vapeur chauffée de plus en plus, finira par se dissiper dans l'espace, la terre aura cessé d'exister. Reprenez la supposition en sens contraire ; des refroidissements graduels feront reparaître la vapeur d'abord, puis un noyau à l'état de fusion ignée, puis enfin, la planète, après avoir été comète, repassera par tous les états que la nôtre a traversés, pour revenir à son état actuel.

Est-il certain que les choses se sont réellement passées ainsi? Assurément, non. Mais cette hypothèse, d'ailleurs très vraisemblable, suffit pour l'explication des principaux phénomènes dont évidemment la terre a été le théâtre; c'est un fil conducteur qui permet de coordonner les faits, de les rendre compréhensibles ; on peut l'accepter comme point de départ de l'histoire naturelle.

Tous les êtres dont l'étude constitue l'histoire naturelle, sont compris dans deux grandes divisions, dont la première comprend les corps dépourvus d'organisation et la seconde, les êtres organisés. La première division, sous le nom de *Nature inorganique*, est l'objet de deux branches importantes de la science : la *Géologie* et la *Minéralogie :* la seconde, sous le nom de *Nature organique*, est aussi l'objet de deux grands rameaux du savoir humain, la *Botanique* ou connaissance des végétaux, et la *Zoologie* ou connaissance des animaux. C'est l'ordre rationnel adopté pour L'HISTOIRE NATURELLE ELÉMENTAIRE.

PREMIÈRE PARTIE

NATURE INORGANIQUE

CHAPITRE PREMIER

Géologie. — Quoique les mots Géographie et Géologie aient la même origine et presque le même sens, ils n'ont, dans le langage de la science, aucun rapport de signification ; tandis que la Géographie décrit exclusivement la surface du globe, la Géologie en étudie la masse, la composition, et s'efforce de réunir les preuves des états antérieurs de la Terre, qui ont précédé son état présent.

Terrains primitifs. — Quand la Terre a commencé à se refroidir assez pour se recouvrir d'une croûte solide (la Géologie proprement dite ne remonte pas plus loin), cette croûte, d'abord mince, par conséquent fragile, ne résistait pas aux secousses que lui imprimait le bouillonnement de la masse intérieure en fusion, assez semblable à la fonte grossière qui sort du haut-fourneau sous le nom de gueuse. Peu à peu, la croûte solide gagnait en épaisseur ; les soulèvements devenaient de plus en plus rares ; les fragments soulevés, brisés, soudés entre eux par la continuité du refroidissement, parsemaient la surface du globe, encore excessivement chaud, de grandes lignes d'aspérités de plus en plus prononcées : c'étaient les premières montagnes. A ces époques, si reculées qu'il n'est pas possible de leur assigner une date, il n'y avait à la surface de la terre, aussi bien dans la plaine que sur la montagne, qu'une seule substance, le *granit*, ainsi nommé par les naturalistes, parce qu'il est composé de grains de diverses substances qui se sont solidifiés en subissant une sorte de cristallisation, après être restés pendant une période plus ou moins prolongée à l'état de fusion pâteuse. Dans le granit, très justement nommé par les géologues *terrain primitif*, il ne peut y avoir aucun débris d'êtres organisés, végétaux ou animaux ; la vie végétale non plus que la vie animale n'avait pas encore commencé sur notre planète. Pour se former une juste idée de l'importance des terrains primitifs, il suffit de remarquer qu'ils forment environ les 92 centièmes de l'épaisseur totale de l'écorce solide du Globe, de sorte que tous les autres terrains réunis n'en forment que les 8 centièmes, soit un peu plus de la douzième partie. Les sommets des plus hautes montagnes, dans le Nouveau Monde comme dans l'ancien continent, sont de granit, et c'est encore le granit qu'on retrouve aux profondeurs les plus grandes où le travail souterrain du mineur puisse pénétrer.

A un certain degré du refroidissement des terrains primitifs, il arriva que l'atmosphère, chargée de vapeurs que l'excès de la chaleur avait longtemps empêchées de se condenser, laissa tomber sur la terre une partie de l'eau qu'elle tenait en suspension, en même temps que, par une véritable distillation, les éléments de l'eau, combinés à l'intérieur de la terre, se faisaient jour à l'extérieur et remplissaient les bassins des mers, tout préparés pour les recevoir. De nouveaux soulèvements, de nouvelles fractures de l'écorce du globe devenue très épaisse, ont, à diverses reprises, déplacé les bassins des mers ; les grands déserts de Cobi et d'Arabie en Asie, de Sahara et de Libye en Afrique, ont été les bassins de vastes mers déplacées longtemps avant les premiers temps historiques. Enfin, les portions de la surface de la terre qui n'étaient pas recouvertes par les eaux, se couvrirent de végétaux ; les eaux, suffisamment refroidies, se peuplèrent d'animaux appartenant aux ordres inférieurs, c'est-à-dire ayant une organisation moins complète que ceux du monde actuel. Les redoutables phénomènes atmosphériques dont nos orages et nos ouragans les plus violents ne sont qu'une reproduction très affaiblie, joints aux soulèvements partiels, broyèrent, entraînèrent et mélangèrent les diverses substances composant l'écorce du globe, et donnèrent naissance à la terre végétale, qui, dans l'origine, n'existait pas. Puis survint le grand cataclysme, dont le souvenir s'est conservé dans les traditions religieuses de tous les peuples sous le nom de déluge. On ne possède pas d'éléments suffisants pour apprécier l'état de la terre avant le déluge, comparé à son état actuel. Il est probable que les plus hautes montagnes du globe (notamment la grande chaîne des Cordillères dans le Nouveau Monde), se sont soulevées à cette époque. D'autre part, à la place actuellement occupée par la mer du Sud ou océan Pacifique, devait exister un vaste continent traversé de l'Est à l'Ouest par une chaîne de montagnes d'environ 10,000 kilomètres de longueur. Les sommets de ces montagnes sont seuls restés à découvert ; ils constituent les îles innombrables des archipels de la Polynésie ; dans les intervalles qui séparent ces îles, la sonde ne trouve pas de fond, tant les montagnes du continent affaissé devaient être hautes !

Preuves des faits géologiques. — On se demande naturellement comment la science peut affirmer ces faits et quelles preuves elle peut fournir à l'appui ? La preuve la plus concluante, c'est l'existence incontestable de la chaleur centrale. Les variations continuelles de température n'existent qu'à la surface de la terre. A une profondeur peu considérable règne une température constante, invariable. Le grand thermomètre placé, sous le règne de Louis XIV, dans la cave de l'Observatoire, n'a pas subi, depuis plus d'un siècle, de variation appréciable. Plus on pénètre dans l'intérieur de la terre, plus la chaleur augmente régulièrement dans une proportion uniforme. On trouve par le calcul que la température du fer en fusion doit régner à la profondeur de 35 kilomètres de la surface. D'où il résulte que nous vivons sur un globe de lave en pleine fusion qui, de de temps en temps, nous donne avis de son existence par les tremblements de terre et par les éruptions des volcans. Ces éruptions étaient, dans les premiers âges de la terre, beaucoup plus fréquentes qu'elles ne le sont depuis les temps historiques. La France, dans la seule chaîne des montagnes de l'Auvergne, contient plus de quarante volcans éteints, parfaitement reconnaissables.

Durant les premières années de ce siècle, les recherches de Georges Cuvier, le premier naturaliste de son époque, ont fait revivre les débris d'animaux antédiluviens, dont les analogues vivants n'existent plus sur la terre. L'impulsion donnée par les travaux de ce savant a fait faire dans toutes les contrées du monde connu des recherches dirigées dans le même sens; il en est résulté des collections d'ossements, de végétaux, d'insectes, pour la plupart si bien conservés qu'on dirait qu'ils vivaient hier. On nomme ces débris *Fossiles*, parce qu'on ne les rencontre qu'en fouillant dans le sol.

Ces faits et ces débris ont entre eux une liaison incontestable; tous racontent l'histoire des époques géologiques antérieures à l'existence de la race humaine. Si quelques points de cette histoire restent encore enveloppés d'obscurité, on ne peut pas dire néanmoins qu'elle manque de preuves et qu'elle ne repose que sur des conjectures.

Terrains Neptuniens et Plutoniens. —Dans les parties habitables de la surface de la terre, le granit ou terrain primitif n'est pas partout à fleur du sol. De vastes espaces sont recouverts par les terrains de sédiment, ou *Neptuniens*, et par les terrains volcaniques ou *Plutoniens*. Bien qu'il existe plus de volcans éteints que de volcans en activité, il reste cependant quelques-uns de ces derniers, dont deux très redoutables en Italie : l'Etna et le Vésuve, et un troisième, l'Hécla, au centre de l'Islande (Ice-land, la terre des glaces). Les éruptions de ces volcans augmentent sensiblement dans leurs environs l'étendue et l'épaisseur des terrains Plutoniens. Les terrains Neptuniens ne sont pas tous de la même époque; ils n'ont pas tous non plus la même puissance. On les distingue les uns des autres d'après leur ancienneté relative. Ces terrains ont une origine uniforme. Les eaux longtemps très chaudes des mers appartenant aux époques géologiques, étaient douées d'une puissance dissolvante que ne possèdent plus les eaux des mers actuelles; elles tenaient en dissolution ou en suspension des masses énormes de substances solides qu'elles laissaient déposer, soit en se refroidissant, soit par le seul effet des longues périodes de calme succédant à leur violente agitation. Ainsi se sont formés tous les terrains de sédiment ou Neptuniens. Les géologues divisent ces terrains en *Primaires*, *Secondaires* et *Tertiaires*, d'après les époques relatives de leur formation. Les terrains Primaires ne doivent pas être confondus avec les terrains Primitifs ; les terrains Primaires sont seulement les plus anciennement déposés d'entre les terrains Neptuniens, tandis que les terrains Primitifs sont ceux qui ont précédé tous les autres, ceux qui ont les premiers revêtu la forme solide.

C'est exclusivement dans les terrains Neptuniens des divers âges qu'on rencontre les traces de premières formes de la vie végétale ou animale. Ces terrains renferment d'inépuisables richesses tenues en réserve pendant une longue suite de siècles, en attendant le moment où l'industrie de l'homme s'est enfin trouvée en mesure de les utiliser.

Glaces. — Blocs Erratiques.— On sait que vers les deux pôles, au Sud plus encore qu'au Nord, la terre est recouverte de deux calottes de glaces, souvent détachées par les secousses de tremblement de terre, et entraînées par l'action combinée des vents et des courants jusques dans les régions de l'Océan, dont la température douce les fait fondre et disparaître. Ces glaces ne se forment pas à la surface de la mer ; l'Océan par lui-même ne gèle pas. Ce qui gèle, ce sont les eaux en contact avec les rochers dont sont hérissées les côtes de l'Islande, du Spitzberg et du Groenland au Nord, et celles des terres australes au Midi ; en effet, ces rochers en contact avec une atmosphère dont la température reste pendant des mois entiers inférieure à — 40 degrés, deviennent excessivement froids. Les glaçons formés à leur contact se détachent par leur propre poids; ils sont remplacés par d'autres qui se détachent à leur tour; de là les glaces flottantes, les champs de glaces et les *Banquises*. Les marins désignent sous ce dernier nom les ceintures de glaçons collés les uns aux autres qui, dans certaines parties de l'océan Glacial, leur barrent absolument le passage. C'est par l'existence prolongée d'une Banquise que les établissements danois du Grœnland ont été, il y a quelques années, privés de communication avec le reste du monde. Quand les tremblements de terre ou les tempêtes rompent la Banquise, les courants portent les glaçons flottants jusqu'au delà des îles Fœroë, dans les parages de l'Ecosse septentrionale.

On mentionne ces phénomènes, parce qu'ils donnent la seule explication rationnelle d'un fait qui a longtemps embarrassé les géologues. Dans plusieurs contrées dont le sol est de composition neptunienne, de sorte qu'il faudrait creuser à une profondeur prodigieuse pour trouver un morceau de granit, on rencontre fréquemment des masses de granit d'un volume énorme, reposant sur la chaux, la marne, l'argile ou le sable; c'est ce qu'on nomme en géologie des *Blocs Erratiques*. Comment sont-ils venus à la place où ils se trouvent? A l'époque du déluge ou de l'un des cataclysmes qui ont eu lieu à des époques antérieures, ces blocs, détachés des rochers et des montagnes surplombant les champs de glaces, ont été emportés par les glaces flottantes et déposés là où ces glaces ont rencontré des eaux assez tièdes pour les faire fondre; puis, les eaux s'étant retirées, ont laissé à découvert les Blocs Erratiques reposant sur des terrains d'une formation plus nouvelle et d'une nature entièrement différente.

CHAPITRE II

MINÉRALOGIE. — On vient de voir que le domaine de la géologie se borne à l'étude de la nature inorganique par grandes masses, dont elle n'examine pas en détail la composition. La Minéralogie reprend la besogne au point où la Géologie l'a laissée ; elle étudie dans chaque terrain géologique ce qu'il renferme de substances diverses et elle en décrit les propriétés. Les objets principaux des études de la Minéralogie sont les *Pierres*, les *Métaux*, et les *Combustibles minéraux*. On doit remarquer que les peuples ont été et sont encore d'autant plus avancés en civilisation et en industrie, qu'ils font un plus fréquent usage des substances minérales. Les sauvages placés tout au bas de l'échelle sociale ne font pour ainsi dire aucun usage des minéraux, ni pour leurs armes, ni pour leurs outils, ni pour les ustensiles de leur ménage. Au contraire, l'homme parvenu seulement à une demi-civilisation, ne peut se passer des minéraux.

Les Pierres. — Il n'est personne de nos jours qui n'ait entendu parler de l'*Age de pierre*, période de l'histoire du genre humain qui a peut-être duré fort longtemps, mais dont il ne reste aucune trace dans les traditions historiques. Voici comment l'existence de l'âge de pierre a été découverte. Il y a quelques années, une commission nommée par la société des antiquaires de la province de Jutland, en Danemark, suivait le rivage de la mer du Nord pour aller explorer des ruines fort anciennes et y faire pratiquer des fouilles.

L'un des antiquaires, qui s'occupait en même temps d'histoire naturelle, resta en arrière de ses compagnons, et se mit à examiner curieusement un tas de coquilles amoncelées sur un point de la côte.

— Que trouvez-vous de si remarquable dans ces coquilles, lui dit-on ? Elles appartiennent à des espèces vulgaires, parfaitement connues.

— C'est possible, dit le naturaliste ; mais, pouvez-vous me dire pourquoi elles appartiennent toutes à des variétés comestibles, et pourquoi pas une seule n'est entière ? Je vois que toutes ont été ouvertes et qu'on en a mangé le contenu à une époque assurément fort éloignée de la nôtre, et dont aucune tradition n'a conservé le souvenir. Sans aller plus loin, faisons ici des fouilles : elles nous en apprendront davantage.

Les fouilles mirent à découvert les couteaux dont on s'était servi pour ouvrir les coquilles, puis, des haches, des marteaux, tous en pierre d'une excessive dureté. Comment ces pierres avaient-elles pu être taillées? On ne tarda pas à le savoir ; on retrouva des meules de toutes dimensions, très bien appropriées à ce genre de travail; on retrouva de véritables ateliers couverts de débris d'instruments inachevés, le tout en pierre, bien entendu. Ces trouvailles firent du bruit en Europe, de nouvelles recherches faites en France, en Angleterre, en Suisse et dans le nord de l'Allemagne, eurent les mêmes résultats que celles des savants danois. Il fut constaté qu'à une époque indéterminée, l'Europe avait été en grande partie habitée par des peuplades dont tous les outils et toutes les armes étaient de pierre ce qui fit donner à cette époque, de beaucoup antérieure aux temps historiques, le nom *d'Age de pierre*. Les trouvailles les plus heureuses en ce genre ont été faites dans le département de la Somme; des haches de pierres tranchantes ont été trouvées dans une sablière de la rue du Chevaleret, à Paris. On peut voir au Musée d'Artillerie une collection d'armes de l'âge de pierre. Il s'y trouve, entre autres, des bouts de flèche en cristal de roche barbelées avec beaucoup d'art; les lapidaires de nos jours auraient de la peine à faire mieux. Ces objets ont été découverts en Suisse.

Les pierres les plus utiles à l'homme sont : 1° le *Silex;* 2° le *Quartz;* 3° le *Grès*; 4° le *Granit;* 5° la *Pierre calcaire;* 6° le *Feldspath.*

I. *Silex.* — Le Silex ou caillou vulgaire a porté longtemps le nom de pierre à fusil. La pierre à fusil était de beaucoup préférable à la mèche des premières armes à feu. En Chine, où les armes à feu sont en usage de toute antiquité, le fusil n'a encore reçu aucun perfectionnement ; il faut trois hommes pour tirer un coup de fusil : l'un porte l'arme, le second la soutient à l'aide d'une fourchette plantée en terre, le troisième met le feu à l'amorce à l'aide d'une mèche. En Europe, pendant toutes les grandes guerres du premier empire la pierre à fusil a joué un grand rôle ; le ministère de la guerre en faisait exploiter des carrières très importantes. Aujourd'hui, l'usage universel des armes à percussion a fait délaisser les armes à pierre, en même temps que les allumettes à frottement, dites allumettes chimiques, ont fait abandonner l'emploi incommode du briquet, qui finissait par allumer un morceau d'amadou à l'aide des étincelles jaillissant d'une pierre à fusil. Pour ces deux usages, le silex a fait son temps. Mais il lui reste un emploi des plus importants dans l'industrie. On convertit en poudre impalpable, sous les meules des moulins à vent disposés à cet effet, des cailloux de silice pure. Cette poudre sert à préparer la *couverte* ou vernis d'émail blanc, dont sont enduits les objets de porcelaine et de faïence fine.

II. *Quartz.* — De même que le caillou vulgaire, le Quartz est composé de silice, le plus souvent d'un blanc laiteux. Les Quartz aurifères de la Californie, de l'Australie et de l'ile de Vancouver, d'une exploitation toute récente, ont mis en circulation plus d'or que n'en avaient jadis importé en Europe les célèbres *galions* du Pérou et du Mexique. Le

Quartz est, de sa nature, très réfractaire, c'est-à-dire qu'il résiste sans se fondre à une très haute température. Dans les *placers* ou gisements de Quartz aurifère, on trouve les cavités des fragments de Quartz remplies d'or natif, qui paraît s'être moulé dans ces cavités alors que ce précieux métal était lui-même à l'état de fusion ignée.

Le cristal de roche, précieux comme objet d'ornement en raison de sa dureté et de sa transparence, est nommé par les minéralogistes *Quartz hyalin prismé*. C'est en effet du Quartz qui a pris par la cristallisation une forme régulière. On trouve assez fréquemment du cristal de roche dans les Alpes. Le plus gros cristal de roche qui existe a été donné par le général Bonaparte, alors membre de l'Institut, au Muséum d'histoire naturelle de Paris; il y tient sa place dans la galerie consacrée à la minéralogie.

III. *Grès*. — Le Grès, très usité pour le pavage des rues et des routes, existe en masses de forme toujours arrondie ou mamelonnée, le plus souvent saillantes hors du sol. Souvent aussi, la roche de Grès est recouverte d'un lit plus ou moins épais de *pierre meulière*, nommée par les minéralogistes *Silex caverneux*, en raison des trous dont cette pierre est criblée. Les bancs de meulière de nature à pouvoir être exploités en meules de moulin sont rares en Europe; la France en possède d'excellente qualité à La Ferté-sous-Jouarre. La meulière, en fragments trop petits pour qu'on puisse en faire des meules, est utilisée comme pierre à bâtir, spécialement pour les constructions de quais et d'égouts dont la maçonnerie doit être en contact continuel avec l'eau. L'exploitation des carrières de Grès pour le pavage, fait tous les ans un grand nombre de victimes; la poussière siliceuse très divisée que les ouvriers travaillant dans ces carrières ne peuvent s'empêcher de respirer, leur fait contracter des affections incurables des organes respiratoires.

IV. *Granit.* — De toutes les pierres employées par l'homme pour l'architecture et la sculpture, le Granit est la plus dure, la plus difficile à travailler, mais aussi la plus durable. On peut voir dans nos musées les sculptures de Granit des Assyriens et des Egyptiens; elle datent de trente à quarante siècles; elles sont aussi fraîches que si elles sortaient de l'atelier du sculpteur. Les carrières de Granit gris de Cherbourg fournissent aux trottoirs des rues et des quais de la capitale des dalles et des bordures d'une durée indéfinie. Si le Granit était moins rare et surtout moins difficile à travailler, il remplacerait partout le pavé de Grès; sur plusieurs points de la capitale, cette substitution du Granit au Grès est déjà commencée, elle gagne du terrain tous les ans.

A des époques géologiques très anciennes, alors que le Granit, déjà à demi solidifié. n'opposait pas encore une force de résistance aux bouillonnements de la masse intérieure en fusion, il a été plusieurs fois traversé par des jets d'une matière qui tient le milieu entre le Granit proprement dit et les Marbres, c'est le *Porphyre*, dont les gisements sont rares et dont, pour cette raison, le prix est toujours élevé. Les objets d'art sculptés en Porphyre prennent un très beau poli ; la durée du Porphyre, sans altération au contact de l'air, égale celle du Granit.

V. *Pierre calcaire.*—La Chaux, base d'une grande partie des terrains sédimentaires ou neptuniens, affecte une foule de formes diverses dont les plus importantes à connaître sont la *Pierre à Chaux*, la *Craie*, le *Marbre*, le *Plâtre* et le *Phosphate de Chaux*.

On prépare de la Chaux avec un grand nombre de variétés de Pierre calcaire ; ce sont les Calcaires les plus durs qui donnent la meilleure Chaux. Quand le Calcaire, soit tendre, soit dur, ne contient que peu ou point de corps étrangers, il donne, après avoir été calciné, de la *Chaux grasse*, qui absorbe une grande quantité d'eau, et sert à préparer un mortier très solide pour la plupart des constructions. Quand le Calcaire est associé à l'Argile en diverses proportions et qu'on le soumet à l'action de la chaleur, il donne de la *Chaux maigre*, qui absorbe un volume d'eau relativement assez faible. Mais la Chaux maigre possède la propriété précieuse de durcir au contact de l'humidité, ce qui la rend éminemment propre à la préparation des mortiers destinés aux constructions qui doivent séjourner sous l'eau. Le Calcaire tendre grossier, très mou en sortant de la carrière, devient, au contact de l'air, assez dur pour servir aux constructions, soit comme moellon, soit comme pierre de taille. Les pierres lithographiques, utilisées par l'art du dessin, appartiennent à une variété de pierre à Chaux.

La *Craie*, dont les variétés les plus pures sont employées comme crayons blancs et comme blanc dit d'Espagne, à l'usage de la peinture en bâtiments, existe à fleur de sol sur de larges espaces, frappés d'une stérilité non pas absolue, mais difficile à combattre. C'est ainsi que les terrains blancs d'une grande partie du département de l'Aube méritent encore leur antique surnom de *Champagne pouilleuse*.

Les *Marbres*, dont il existe un grand nombre de variétés, sont tous du Calcaire compacte. Le plus pur est le Marbre blanc statuaire dont les plus belles carrières sont celles de Carrare en Italie, et celle de Paros, dans l'archipel grec. Une autre variété, encore plus blanche que le Marbre statuaire porte le nom d'Albâtre. La manière dont se produit l'Albâtre explique suffisamment pourquoi il n'existe qu'en fragments peu considérables et ne peut par conséquent servir que pour des objets d'art d'un petit volume. Quoique les Calcaires durs semblent inattaquables à l'eau, il est certain néanmoins que l'eau peut en dissoudre de très minimes quantités. L'eau qui, dans les cavernes, filtre à travers les fentes de la roche calcaire dure, se charge de parcelles de Chaux qu'elle abandonne en s'évaporant au contact de l'air. Il en résulte des concrétions qui portent le nom de *stalactites* quand elles sont suspendues aux voûtes des cavernes, et celui de *stalagmites*, quand elles reposent sur le sol. La substance des stalactites et des stalagmites est un Marbre très dur ; quand ce Marbre est parfaitement blanc, c'est de l'Albâtre.

La partie française des montagnes des Alpes et des Pyrénées contient de riches carrières de Marbres diversement colorés, très recherchés comme objet d'ornement. Malheureusement, une grande partie des gisements des plus beaux Marbres est située à des hauteurs d'un accès difficile qui en rend l'exploitation impossible ; c'est d'ailleurs un obstacle que l'amélioration des voies de communication dans les pays de montagne tend à faire disparaître.

Le *Gypse*, ou Pierre à Plâtre, est une des formes les plus utiles et en même temps les moins communes de la roche calcaire ; c'est la combinaison naturelle de la Chaux avec l'acide sulfurique ; c'est pourquoi le Gypse est aussi désigné sous le nom de *Sulfate de Chaux*. Le Gypse qui a subi l'action de la chaleur par des procédés analogues à ceux dont on se sert pour cuire la Chaux, prend le nom de *Plâtre*. Le Plâtre réduit en poudre possède la propriété de former avec l'eau une pâte fine qui ne tarde pas à prendre au contact de l'air la dureté de la pierre : de là, ses usages multipliés pour les plafonds et le moulage d'une foule d'objets d'art. Les Plâtres les plus estimés sont ceux des carrières exploitées dans les environs de Paris.

Le Phosphate de chaux, dont les gisements sont encore moins communs que ceux du Gypse ou pierre à plâtre, n'est utilisé que depuis quelques années. On a reconnu depuis longtemps les propriétés fertilisantes des os broyés, qui ont rendu et continuent à rendre de grands services à la production agricole : mais cette substance fertilisante n'est jamais dans le commerce en proportion des besoins de l'agriculture. La rareté et le prix de plus en plus élevé des os des animaux de boucherie ont appelé l'attention sur le Phosphate de chaux naturel, substance dont la composition chimique et l'action sur la végétation des plantes cultivées, se rapprochent beaucoup des propriétés utiles des os broyés. On exploite en France dans les Ardennes des bancs considérables de Phosphate de chaux naturel ; il en existe des montagnes entières en Espagne, dans l'Estramadure ; il est probable qu'avec le temps, on songera à les exploiter.

VI. *Feldspath.*—La pierre à laquelle les naturalistes ont donné le nom de Feldspath, se présente assez souvent à son état de plus grande pureté, sous forme de cristaux transparents, analogues au cristal de roche. Quand le Feldspath est à l'état pulvérulent, c'est la terre à porcelaine. Les Chinois et les Japonais ont possédé seuls pendant une longue suite de siècles le secret d'utiliser pour la fabrication de la porcelaine le Feldspath en poudre qu'ils nomment *kao-lin.* Depuis que l'Europe s'est approprié cette branche d'industrie, les gisements de kaolin ou terre à porcelaine ont été recherchés et exploités ; la France en possède de très riches à Saint-Yrieix, dans la Haute-Vienne.

Pierres précieuses. — Les pierres dites *précieuses* ont moins de valeur intrinsèque assurément que la plupart de celles qui ne portent pas le même surnom, puisqu'elles ne peuvent rendre que des services très limités au genre humain. L'éclat, la dureté, et avant tout la rareté ont fait, de toute antiquité, assigner à certaines pierres une valeur arbitraire très élevée. Si cette valeur était bien déterminée et qu'il fût facile partout de la réaliser comme celle des matières d'or et d'argent, les Pierres précieuses, en raison de leur volume réduit, offriraient de grandes facilités pour le transport et la transmission de sommes importantes. Longtemps les employés supérieurs et les hauts fonctionnaires civils et militaires au service des compagnies des Indes anglaise et hollandaise, rapportaient en Europe leurs richesses, non pas en or, mais en diamants qu'ils vendaient aisément sans perte à leur arrivée dans un port européen. Aujourd'hui, ce mode de transport des richesses n'est plus possible. Non-seulement la valeur du diamant et des autres Pierres précieuses est très variable, mais de plus, dès que cette valeur atteint une somme un peu forte, la vente en est de plus en plus difficile. Il n'y a pas de puissance en Europe qui ne possède sous le nom de *diamants de la couronne*, une collection de pierreries représentant bien des millions totalement improductifs. S'il fallait les réaliser et les convertir en monnaie du jour au lendemain, ces collections de brillants cailloux ne trouveraient pas d'acheteurs.

Le naturaliste se rend facilement raison des causes qui rendent extrêmement rares les Pierres précieuses. Ce sont, en général, des substances simples ou très peu composées, qui ne peuvent se produire à l'état de cristaux transparents que sous l'empire de circonstances tout à fait particulières. Durant les époques géologiques, ces circonstances n'ont dû se trouver réunies que très rarement; de là, la rareté des Pierres précieuses. Il y faut joindre l'impossibilité longtemps admise de les reproduire artificiellement. Aujourd'hui, la production artificielle des Pierres précieuses est encore très difficile, assurément; les chimistes ne la regardent plus comme impossible. On a déjà fait artificiellement du rubis, l'une des pierres fines les plus estimées, et les lapidaires n'ont pas pu distinguer ce rubis fabriqué par un chimiste, du vrai rubis d'Orient. Si la chimie sait, dès à présent, faire du rubis, il n'y a pas de raison pour que, dans un temps donné, elle n'arrive pas à fabriquer, non pas des imitations de Pierres précieuses, ce qui n'a jamais été bien difficile, mais de vrais diamants, de vrais saphirs, de vraies émeraudes, de tout point semblables aux mêmes pierres fines naturelles. Quand on en sera à ce point, les vraies pierres fines naturelles n'auront plus de valeur.

En dehors de leur usage comme objet de parure, quelques pierres fines, spécialement le rubis, peuvent être utilisées pour la construction des montres de prix, des chronomètres et de quelques instruments de précision à l'usage de la Chimie et de la Physique.

Les principales pierres fines sont par ordre de valeur : 1° le *Diamant*, le plus dur et le plus brillant de tous les corps naturels ; 2° le *Rubis*, d'un beau rouge, quelquefois légèrement teinté de violet ; 3° l'*Emeraude*, d'un vert clair, d'une transparence parfaite ; 4° le *Saphir*, d'un bleu foncé, rare dans le commerce ; 5° l'*Améthyste*, d'un bleu violacé très clair, d'un prix relativement peu élevé ; 6° la *Topaze*, de toutes les nuances de jaune, depuis le plus clair jusqu'au plus foncé. Les naturalistes comprennent le Rubis, le Saphir et l'Améthyste sous le nom collectif de *Corindon ;* ce sont les pierres fines les plus dures après le Diamant. On range parmi les pierres précieuses du second ordre : 1° la *Turquoise ;* 2° l'*Agate ;* 3° le *Grenat ;* 4° la *Lazulite.*

Les Turquoises d'un bleu opaque très clair, ne sont pas très communes dans le commerce, bien que leur prix soit peu élevé. Les Agates sont encore moins chères ; mais celles qui sont assez volumineuses pour qu'on en puisse faire des coupes ou des vases ont encore une assez grande valeur. Les Grenats sont entièrement passés de mode ; ils ne figurent plus que dans les collections de minéralogie. La Lazulite se rencontre souvent en morceaux assez volumineux pour qu'on en puisse fabriquer des objets d'art, de dimensions moyennes, d'un très bel effet ornemental et d'une assez grande valeur.

Les Métaux. — Depuis l'antiquité la plus reculée, deux Métaux, nommés à juste titre *Métaux précieux*, ont été considérés comme le signe de la richesse et le moyen principal d'échange de toutes les valeurs : ce sont l'*Or* et l'*Argent*. Les autres métaux utilisés par l'homme sont, par rang de valeur, le *Platine*, l'*Aluminium*, le *Magnésium*, le *Cuivre*, l'*Etain*, le *Fer*, le *Plomb*, le *Zinc*, le *Nickel*, l'*Antimoine*, le *Bismuth*, le *Mercure*, le *Chròme*, le *Manganèse*, le *Cobalt* et l'*Arsénic*.

A les considérer dans leur ensemble, les Métaux sont les corps les plus compactes, et sauf quelques exceptions, les plus pesants sous un volume donné. Cette particularité explique comment, aux premières époques géologiques, ils ont dû, par leur propre poids, descendre à la partie inférieure de la couche en voie de refroidissement, mais non encore solidifiée. Ce fait géologique se montre évident lorsqu'on examine la nature des pays où abondent l'Or, l'Argent et le Cuivre. Ce sont des portions de la croûte solidifiée, qui, par suite de bouleversements ultérieurs, se sont redressées et retournées, mettant ainsi à portée de la main de l'homme des dépôts métalliques qu'il n'aurait jamais pu atteindre autrement.

Or. — L'Or, de nos jours, s'est répandu dans le monde, en un petit nombre d'années, avec une profusion dont il n'y avait qu'un seul exemple dans l'histoire, celui de la découverte du Nouveau Monde. Mais, à l'époque où l'Or du Mexique et du Pérou se répandit en Europe par les mains des Espagnols, le besoin d'échange et de transactions commerciales n'était pas ce qu'il est de nos jours.

Au commencement du seizième siècle, la ruine des rentiers, le renchérissement subit de toutes les denrées, l'élévation exagérée du taux des loyers, amenèrent une grave perturbation due à la surabondance relative des métaux précieux ; le même fait pour la même cause ne s'est pas reproduit de notre temps. La valeur de l'Or et de l'Argent n'a sensiblement baissé ni dans l'ancien ni dans le nouveau monde ; loin d'en avoir trop en circulation, plusieurs Etats européens en ont trop peu, puisqu'ils en sont au papier-monnaie. Toutefois, le naturaliste ne peut s'abstenir de signaler un fait évident. L'Or recueilli jusqu'à présent dans les placers pour plusieurs milliards, provient des sables et des fragments de quartz, laissés à découvert pendant la saison sèche dans le lit des rivières et des torrents. Ces sables et ces fragments ne sont pas par eux-mêmes des mines d'Or ; ils ont été détachés de gisements d'une richesse incalculable dont l'exploitation n'est pas encore commencée. Quand les contrées fertiles de la Californie, de l'Australie, de l'île Vancouver, seront défrichées et peuplées, on attaquera les vrais mines, les gisements inépuisables d'Or et d'Argent ; il y en a de quoi bâtir en lingots Notre-Dame de Paris. Donc, le moment n'est pas très éloigné où les espèces d'Or et d'Argent circuleront en quantité de beaucoup supérieure aux besoins des échanges; elles devront inévitablement diminuer de valeur : il faut s'y attendre.

A part son emploi comme signe de la richesse, l'Or est utilisé en quantités importantes par les deux industries de la bijouterie et de la dorure. A l'époque de la découverte du Nouveau Monde, les familles opulentes possédaient de grandes richesses en vaisselle d'Or massif; la plus grande partie de ces valeurs improductives a été depuis un siècle rendue à la circulation monétaire; aujourd'hui, bien que l'Or soit moins rare qu'autrefois, on ne fabrique presque plus d'objets d'orfévrerie en Or massif.

Argent. — Il est probable qu'il existe dans l'écorce solide du globe beaucoup plus d'Argent que d'Or; mais, jusqu'à présent, les mines d'Argent exploitables sont peu nombreuses; l'Argent par rapport à sa valeur, tend à devenir plus rare que l'Or. L'Argent natif, pur ou presque pur, n'est abondant que dans les mines du Nouveau Monde, spécialement au Mexique. En Europe, il existe des mines d'Argent en Carinthie (Autriche) et dans le nord de la Suède; leurs produits n'ont pas une grande importance. Presque toutes les mines de Plomb qui existent en Europe fournissent du minerai de Plomb-argentifère; mais, la proportion de l'Argent dans ce minerai est tellement faible que, sans la valeur industrielle du Plomb, il ne serait pas exploité comme minerai d'Argent.

Le principal emploi industriel de l'Argent, a été pendant des siècles, la fabrication de l'argenterie et de la *vaisselle plate* (du mot espagnol *Plata*, Argent). Les millions soustraits à la circulation monétaire sous forme de vaisselle plate et de couverts d'Argent, sont peu à peu rendus à leur véritable destination, depuis qu'on a inventé un procédé salubre et expéditif pour la dorure et l'argenture galvanoplastique (procédé Ruolz). Au point de vue de la salubrité, le Ruolz est de beaucoup préférable à l'Argent massif pour l'argenterie ; en voici la raison. L'Argent pur, de même que l'Or pur, est trop mou pour pouvoir être employé à la fabrication des objets d'art ; la loi permet d'y ajouter une certaine quantité d'alliage de Cuivre, afin de lui communiquer la consistance nécessaire. Si vous oubliez une cuiller d'Argent dans une sauce, surtout si cette sauce est grasse, le Cuivre contenu dans l'Argent comme alliage s'oxyde sous forme de vert de gris, ce qui peut occasionner des empoisonnements. Si la cuiller au lieu d'être d'Argent massif, est argentée par le procédé Ruolz, la sauce n'est en contact qu'avec de l'Argent très pur, exempt d'alliage, quelle que puisse être la composition métallique sur laquelle l'Argent a été appliqué ; par conséquent, il ne peut pas se produire de vert de gris.

Platine. — Quand les Espagnols découvrirent ce métal en Amérique, ils lui donnèrent le nom de *Platina*, petit Argent, bien qu'il n'ait que peu de rapports avec l'Argent véritable, si ce n'est par la couleur ; cependant, au lieu d'être blanc comme l'Argent, le Platine est d'un gris argenté peu différent de la nuance de l'Etain. Les Russes, qui en exploitent des usines importantes dans les monts Ourals, ont tenté de faire accepter comme monnaie des pièces de Platine qui sont en effet fort belles et s'usent moins vite que celles d'Or et d'Argent. Mais, la valeur commerciale du Platine est trop variable; la monnaie de Platine n'a pas été acceptée; on a dû y renoncer. Dans l'industrie, le Platine est peu usité pour les objets de parure; mais on l'emploie en grande quantité pour la fabrication des appareils à l'usage des fabriques de produits chimiques, parce que le Platine est inattaquable par les acides les plus corrosifs.

Aluminium. — L'argile dont on fait les briques et la poterie est de l'Aluminium à l'état d'oxyde. Ce fait était admis par les chimistes depuis le commencement de ce siècle; mais l'Aluminium n'avait pas encore été obtenu à l'état métallique, lorsqu'en 1827, Wohler, chimiste allemand, obtint le premier de l'Aluminium pur. Ce métal est entré plus tard dans sa période industrielle entre les mains d'un chimiste français, M. Sainte-Claire Deville. Le nouveau métal est d'un blanc légèrement teinté de gris, plus rapproché que le Platine de la nuance de l'Argent. Il n'a pas pris dans l'industrie la place qu'il semblait devoir y occuper; son emploi se borne jusqu'ici à la fabrication de quelques objets de parure. S'il trouvait d'autres débouchés, on en pourrait faire des quantités illimitées ; les bancs d'argile qu'on rencontre partout à la surface des deux continents sont des mines d'Aluminium. La propriété la plus remarquable de ce métal est la légèreté. Fermez les yeux, et prenez une cuiller ou une boîte de montre en Aluminium, vous croirez tenir à la main un objet en papier.

Magnésium. — Les chimistes, depuis la fin du dernier siècle, considéraient la magnésie comme un oxyde de Magnésium ; le métal de ce nom a été obtenu en même temps en France, en Allemagne et en Angleterre en 1864 ; c'est donc le plus jeune des métaux. Ses procédés d'extraction sont lents et dispendieux et ses propriétés sont encore à l'étude. La seule qui mérite une mention spéciale est celle que possède un fil mince de Magnésium, de produire en brûlant une lumière supérieure en éclat à toutes les lumières artificielles connues précédemment, sans en excepter la lumière électrique elle-même.

Cuivre. — Quoique le Cuivre ne soit pas compris parmi les métaux précieux, l'exploitation des mines de Cuivre est toujours une source de grande richesse, en raison des usages multipliés de ce métal dans les arts et dans l'industrie. On dit dans le Nouveau Monde qu'on se ruine dans les mines d'Or, on végète dans les mines d'Argent, on fait fortune dans les mines de Cuivre. Ce dicton espagnol était vrai pour les particuliers qui, s'ils entreprenaient l'exploitation d'une mine d'Or ou d'Argent, avaient à supporter de la part du fisc des vexations telles qu'ils n'en retiraient, en fin de compte, aucun profit, tandis que l'exploitation des mines de Cuivre était entièrement libre. En Europe, les mines de Cuivre les plus riches appartiennent à la Suède.

Etain. — De toutes les mines de métaux utiles, les moins communes sont celles d'Etain. Les plus riches qu'on connaisse sont celles de la presqu'île de Malacca et celles de l'île de Banca, dans le grand archipel indien. Les seules mines d'Etain exploitées en Europe sont situées dans le comté de Cornouailles (Cornwall), à l'extrémité sud de la Grande-Bretagne, et dans le petit archipel des îles Sorlingues ou de Sceilly, qui fait partie du même comté. Dès la plus haute antiquité, les Phéniciens et les Grecs venaient chercher l'Etain dans ces îles, qu'ils nommaient pour cette raison îles *Cassitérides* (îles de l'Etain).

Fer. — Le Fer, le plus utile de tous les métaux, l'élément indispensable des outils à l'usage de toutes les industries, est très rare dans le Nouveau Monde et très commun, au contraire, en Europe et dans les autres parties de l'ancien continent. Le meilleur Fer de l'Europe est exploité en Suède, dans l'île d'Elbe, qui fait partie du royaume d'Italie, et dans la province de Catalogne en Espagne. Si le Fer de Suède est plus pur que tous les autres Fers connus, cela tient à une particularité d'histoire naturelle des plus remarquables, constatée seulement de nos jours : dans les provinces du nord de la Suède, on rencontre une multitude de lacs alimentés par des sources dont les eaux filtrent à travers des terrains ferrugineux, et sont pour cette raison très chargées de rouille. Dans le limon déposé au fond de ces lacs vivent des millions et des milliards d'animalcules de l'ordre des infusoires. L'observation microscopique a permis à un savant naturaliste suédois de constater que chacun de ces êtres, si petits qu'on les voit à peine à l'œil nu, se fabrique une enveloppe du Fer le plus pur. Tous les vingt-cinq ans, on retire le limon ferrugineux du fond des lacs, et, après l'avoir laissé s'égoutter, on le fait fondre dans des hauts fourneaux d'une construction très simple. Ce limon donne, du premier jet, une fonte très pure, désignée sous le nom de *Fer des lacs.* Toutes les autres fontes, même celles des minerais de la meilleure qualité, contiennent plus ou moins des corps étrangers, de sorte que la première fonte est mêlée de scories, et doit être raffinée. Celle du Fer des lacs ne contient pas de substances autres que le Fer, si ce n'est la très petite quantité de matières animales représentée par les corps des infusoires. Ces corps, consumés et réduits en fumée par l'opération de la fonte, laissent le Fer dans un état de parfaite pureté.

Après le Fer limoneux des lacs de Suède, les meilleurs minerais de Fer exploités en Europe sont le Fer *oligiste*, le Fer *spathique* et le Fer carbonaté terreux. Le minerai de Fer abonde partout en Europe, sous diverses formes, en gisements inépuisables.

Plomb. — Le Plomb, métal très pesant, mais mou, d'un gris bleuâtre, qui se ternit très vite au contact de l'air, a tenu une place importante dans l'industrie européenne. Pendant des siècles, les grands édifices publics civils ou religieux, ont été couverts en lames de Plomb. En temps de guerre, les balles, pour les armes à feu, emploient des quantités énormes de Plomb. En temps de paix, les tuyaux de conduite du gaz pour l'éclairage public sont un des principaux débouchés du Plomb, dont la valeur est très variable. Le minerai de Plomb contient presque toujours des traces d'Argent.

L'une des mines de Plomb les plus riches de l'Europe est celle de Védrin, près de Namur (Belgique). C'est de cette mine qu'est sortie la plus grande partie du Plomb dépensé en balles de fusil durant les longues guerres du premier empire.

Depuis trente ans, le Zinc, plus léger et aussi durable que le Plomb, a pris partout sa place comme couverture des édifices publics ou privés.

Zinc. — Le Zinc, moins pesant et d'un gris plus clair que le Plomb, est devenu d'un usage plus fréquent et plus général que le plomb, depuis qu'on en exploite en Europe des mines très riches, dont la principale est sur la frontière de la Belgique et des provinces rhénanes de Prusse, à la Vieille-Montagne. Le minerai exploité est un sulfure de Zinc, nommé par les mineurs *Calamine*. Divers alliages dont le Zinc est la base et qui reviennent à très bas prix, sont employés à fabriquer des imitations de bronze qui se déforment au moindre choc, perdent par le toucher le vernis qui leur donnait un faux air de vrai bronze et deviennent fort laides en très peu de temps. Néanmoins, ces objets d'art du plus mauvais goût, et dont il est impossible de se servir pour quoi que ce soit, trouvent encore des acheteurs, uniquement à cause de leur bas prix.

Nickel. — Les chimistes et les physiciens connaissaient le Nickel, remarquable par la propriété que, seul entre tous les métaux, il partage avec le Fer de devenir magnétique au contact d'un aimant et de pouvoir servir d'aimant lui-même, lorsque, dans les premières années de ce siècle, on lui a trouvé un emploi avantageux en le faisant servir de base à divers alliages blancs, difficilement oxydables, destinés à être argentés. Ces diverses compositions sont devenues d'un usage très étendu, depuis l'admirable invention de la dorure et de l'argenture galvanoplastiques. Le Gouvernement belge a commencé en 1862 à mettre en circulation de la monnaie de billon en Nickel ; jusqu'à présent, cet exemple n'a pas trouvé d'imitateur.

Il n'existe nulle part de mine de Nickel ; mais ce métal se rencontre en assez grande quantité associé au Zinc et au Fer, dont il est facile de le séparer.

Antimoine. — Ce métal, très abondant en Europe, n'aurait pas de débouché s'il n'était associé au Plomb pour la fonte des caractères d'imprimerie. La médecine a fait longtemps un usage très étendu de diverses préparations d'Antimoine, dont une seule, l'émétique, est encore employée par les médecins comme un puissant vomitif. Il existe en France des gisements abondants d'Antimoine exploités seulement en proportion des débouchés très limités de ce métal.

Bismuth. — De même que le Nickel, le Bismuth ne se rencontre jamais isolé; on le trouve associé aux minerais de Cuivre, de Zinc et d'Argent, notamment en Suède. Ses usages sont encore plus limités que ceux de l'Antimoine; la médecine l'emploi assez souvent à l'état d'azotate (nitrate de Bismuth) en qualité de purgatif.

Mercure. — Quoique le Mercure ne soit point classé parmi les métaux précieux, c'est celui qui a le plus de valeur après l'Or et l'Argent; sa ressemblance avec ce dernier métal, l'a fait longtemps désigner sous le nom de *Vif-Argent.* Le Mercure possède seul entre tous les métaux usuels la propriété de couler comme de l'eau à la température ordinaire. La physique utilise le Mercure pour la construction des thermomètres et des baromètres ; les mineurs du Nouveau Monde l'emploient en grande quantité pour séparer l'or et l'argent des matières étrangères; enfin, il est utilisé sous diverses formes par la médecine et par plusieurs industries, spécialement par celle de la chapellerie. On rencontre rarement le Mercure à l'état pur ou natif ; il se présente le plus souvent dans les mines associé au soufre. Le sulfure de Mercure ou *Cinabre* est une substance d'un beau rouge, très usitée dans les arts sous le nom de *Vermillon*. Les principales mines de Mercure sont en Espagne, celle d'Almaden, en Autriche, celle d'Istria, et au Pérou, celles de Guanca-Vélinca.

Chrôme. — De même que le Nickel et le Bismuth, le Chrôme ne se rencontre jamais seul ; jusqu'à présent, on ne le trouve qu'associé au Fer, sous forme de Fer chromaté. Le Chrôme à l'état métallique est sans usages ; les divers oxydes de Chrôme donnent des couleurs très vives à l'usage de l'industrie et de la peinture artistique.

Manganèse. — Bien que les usages industriels du Manganèse soient assez limités et qu'il soit sans emploi à l'état métallique, on l'exploite néanmoins en France en quantités importantes. Dans les mines des départements de Saône-et-Loire et de l'Allier, il s'y présente sous forme d'une poudre noire qui est un péroxyde de Manganèse. C'est avec ce péroxyde qu'on prépare le chlore, d'un emploi très étendu pour le blanchissage des tissus et de la pâte à papier. Associé au sable et à la soude dans la fonte du verre, le péroxyde de Manganèse possède la singulière propriété, bien qu'il soit lui-même d'un noir violet, de blanchir le verre, ce qui lui a fait donner le surnom de *savon des verriers*. Si l'industrie trouvait pour le Manganèse de plus larges débouchés, les mines de ce métal en France pourraient en fournir des quantités illimitées, et en approvisionner toute l'Europe.

Cobalt. — Le Cobalt, sans emploi à l'état métallique, est un des métaux les moins répandus. On ne le trouve en Europe que dans les montagnes du Hartz, en Allemagne ; il s'y montre associé au Soufre et à l'Arsenic. On prépare avec le Cobalt des couleurs bleues de diverses nuances et un très beau vert, à l'usage de la peinture artistique et de plusieurs industries.

Arsenic. — Ce métal se rencontre presque toujours associé au Cobalt sous forme de mine de Cobalt arsenical. L'emploi des préparations arsenicales dans les arts, spécialement pour la préparation du vert de Scheele, exige de grandes précautions ; on sait que, même à très faible dose, l'Arsenic est le plus dangereux des poisons. Il y a des exemples de gens empoisonnés rien que par la poussière détachée des papiers de tenture colorés avec du vert arsenical. Néanmoins, l'art médical oppose avec succès quelques préparations d'Arsenic à des maladies qui résistent à toute autre médication.

Les métaux que l'homme peut emprunter à la nature inorganique ne sont pas encore tous en sa possession. Il y a quelques jours à peine, le Magnésium n'existait qu'en théorie ; l'Aluminium est né d'hier ; le Calcium, métal dont la chaux est l'oxyde, ne peut tarder à faire son entrée dans le monde scientifique et industriel. Faire incessamment de nouvelles conquêtes sur la nature inorganique, c'est un des meilleurs emplois que l'homme puisse faire de son intelligence ; c'est une des applications les plus utiles de son besoin d'activité.

Les combustibles minéraux. — Les substances minérales propres à la production de la chaleur artificielle, sont dans l'état actuel des sociétés modernes, l'élément indispensable de l'industrie chez les peuples civilisés; sans ces combustibles, nous ne pourrions obtenir ni l'éclairage au gaz, ni la vapeur pour les machines fixes de nos fabriques et les locomotives de nos chemins de fer. Les combustibles minéraux utilisés par l'industrie humaine sont la *Houille* ou *Charbon de terre*, l'*Anthracite*, les *Lignites*, les *Bitumes* et la *Tourbe*.

Houille. — Les naturalistes se rendent compte assez exactement de la manière dont se sont formés les dépôts de Houille qui, dans les pays civilisés, représentent une valeur plus réelle que les mines les plus riches de métaux précieux. Quand le refroidissement graduel de l'écorce solide du globe est arrivé au point où la vie végétale a pu commencer à se manifester, les portions encore peu étendues de la surface de notre planète qui n'étaient pas recouvertes par les eaux devinrent des forêts dont celles du Nouveau Monde ne sont qu'une reproduction affaiblie. C'était une de ces périodes transitoires comme la terre en a traversé plusieurs. L'affaissement subit des terres boisées, îles verdoyantes peuplées d'êtres aux formes étranges, engloutit ces forêts primitives, qui furent ensevelies non pas sous les eaux, mais sous les terrains de dépôt dont on a expliqué plus haut le mode de formation. Le temps aidant, le b is de ces arbres gigantesques, première parure végétale de la terre, se dépouilla de tous ses éléments autres que le charbon, lequel finit par rester seul, enfoui sous des charges énormes de grès, nommé par les minéralogistes *grès houiller*, parce qu'il recouvre constamment la Houille. Il paraît qu'à plusieurs reprises, les terrains affaissés se sont soulevés avec leur charge de grès et se sont couverts de forêts nouvelles, englouties comme les premières. C'est la seule explication qu'on puisse admettre pour rendre compte de l'existence de plusieurs couches de Houille superposées les unes aux autres, et séparées par des bancs d'épaisseur variable, de grès houiller. On donne le nom de *bassins houillers* aux terrains qui recouvrent les dépôts de Houille ou Charbon de terre enfouis à une profondeur qui varie de 100 à 200 mètres.

Les preuves du mode de formation des dépôts houillers ne manquent pas. Les mineurs donnent le nom de *toit* à la partie du banc de grès houiller qui touche immédiatement à la Houille. La preuve qu'au moment où le toit s'est déposé sur les arbres de la forêt destinée à devenir de la Houille, le grès houiller était à l'état pâteux, c'est qu'on trouve à sa surface, des empreintes parfaitement nettes de feuilles de fougères arborescentes, d'Araucaria, et d'autres végétaux appartenant à la flore antédiluvienne. Dans l'épaisseur des couches de Houille, on rencontre assez fréquemment des troncs de palmiers totalement convertis en charbon, mais très reconnaissables. Si ces végétaux, pour devenir du charbon minéral, avaient subi l'action du feu, leurs formes ne se seraient pas conservées, et le grès houiller ne porterait pas l'empreinte de leurs feuilles.

La Houille n'est pas du charbon pur ; elle retient une assez grande quantité de gaz hydrogène qui s'en dégage incessamment et se mélange avec l'air contenu dans les galeries souterraines des mines de Houille en exploitation. Si, par une bonne ventilation, le mélange de gaz hydrogène et d'air est entraîné au dehors, il n'en résulte rien de fâcheux pour les mineurs ; mais si, faute d'une ventilation suffisante, le gaz hydrogène s'accumule à la partie supérieure des galeries, son mélange avec l'air respirable devient *détonant*, c'est-à-dire capable de faire explosion au contact de la moindre étincelle. Ces explosions malheureusement trop fréquentes, et qui font tous les ans un nombre déplorable de victimes, sont connues des mineurs sous le nom de *feu Grisou*. Un célèbre chimiste anglais, sir Humphry-Davy, a doté les mineurs d'une lampe dite de sûreté qui, sauf le chapitre des imprudences, devrait, avec la ventilation, suffire pour prévenir les explosions de feu Grisou.

On connaît deux espèces de Houille : 1° la *Houille grasse*, qui donne beaucoup de flamme et de fumée en brûlant, et produit une chaleur intense ; 2° la *Houille maigre*, qui brûle avec peu de flamme et de fumée, donne une chaleur douce et convient spécialement pour le chauffage domestique. La France possède dans la Haute-Loire un très riche bassin houiller, et, dans le Nord, une portion du bassin houiller qui s'étend dans les provinces wallones de la Belgique et se prolonge jusque dans la Prusse rhénane. En Europe, c'est la Grande-Bretagne qui exploite les mines de Houille les plus abondantes.

Anthracite. — On donne le nom d'*Anthracite* à un charbon minéral de même origine que la Houille, mais formé probablement par des végétaux d'un ordre différent ; c'est un charbon très pur, qui ne contient pas de traces d'hydrogène, ce qui, lorsqu'on veut l'utiliser comme combustible, le rend difficile à allumer. Les combustibles végétaux ou minéraux ne peuvent s'enflammer que quand ils contiennent plus ou moins d'hydrogène ; c'est ainsi notamment que les morceaux de charbon de bois imparfaitement carbonisés, nommés *fumerons*, brûlent avec flamme, tandis que le vrai charbon, complétement carbonisé, devient rouge, donne une chaleur soutenue et ne s'enflamme pas. Il en est de même de l'Anthracite. Néanmoins, dans les Etats de l'Amérique du Nord, où il en existe des gisements inépuisables, l'Anthracite est utilisée comme combustible pour chauffer les machines à vapeur fixes; au moyen d'une cheminée d'un fort tirage, l'Anthracite mêlée à une certaine quantité de bois résineux, prend feu, et produit une chaleur plus que suffisante au service de ces machines.

Lignites. — On rencontre fréquemment en France, particulièrement dans la région de l'Est, des dépôts presqu'à fleur de terre d'un combustible minéral que les minéralogistes nomment *Lignite* et qui conserve les apparences avec une partie des propriétés du bois. Les Lignites, dont quelques-uns ont presque la couleur de la Houille, ne se rencontrent que dans les terrains Neptuniens ou Sédimentaires les moins anciens, que les géologues nomment terrains *tertiaires*; c'est du charbon minéral en voie de formation; s'ils étaient recouverts d'une charge plus épaisse et qu'ils fussent enfouis depuis plus longtemps, ce serait de la Houille. Les Lignites qui se rapprochent de la houille brûlent assez facilement, en donnant une chaleur peu intense, utilisée cependant pour la cuisson des briques, de la chaux, et pour d'autres usages du même genre. Les autres, d'un brun clair, brûlent aussi, mais en donnant si peu de chaleur, qu'ils ne peuvent pas être mis au rang des combustibles. On les brûle néanmoins dans les cantons où ils abondent, pour mêler au fumier leurs cendres, dont l'effet fertilisant est égal à celui des cendres de bois. Le *Jais* ou *Jayet*, substance noire, qui prend un très beau poli et dont, pour cette raison, on fabrique divers objets de parure, appartient aux Lignites. Le Jais véritable n'est pas cher, mais il est rare ; il est le plus souvent remplacé par le Jais artificiel, qui n'est autre chose que du verre noir, et qui produit exactement le même effet que le Jais naturel.

Bitumes. — L'origine des Bitumes n'est pas exactement connue ; on ne les rencontre que dans les terrains volcaniques. Peut-être sont-ils le produit de l'action des feux souterrains sur des dépôts houillers placés hors de la portée de l'homme, et formés aux époques géologiques par l'enfouissement des forêts d'arbres résineux. Quoi qu'il en soit, deux sortes de Bitumes sont utilisés par l'homme : le Bitume solide ou *Asphalte* et le bitume liquide ou *Pétrole*. On sait le parti qu'on tire du Bitume solide pour daller les trottoirs et les passages. En mêlant au Bitume à l'état de fusion pateuse un peu de gravier fin, on le rend plus durable, plus résistant sous les pieds des passants. Ce mode de dallage ne donne pas de poussière en temps de sécheresse, pas de boue en temps de pluie ; il n'est pas glissant quand il est mouillé, de sorte que les trottoirs bitumés n'exposent pas, comme ceux de granit, les passants à des chutes dangereuses. Ces propriétés justifient la préférence accordée au Bitume pour le dallage. Les principales mines de Bitume solide en France sont sur les frontières de la Suisse.

Le Bitume liquide ou *Pétrole* est connu de toute antiquité ; son nom signifie *huile de pierre*, parce que, en effet, c'est un liquide huileux, de nature minérale, dont les sources se font jour à travers des terrains pierreux. Il n'existe en Europe que quelques sources de Pétrole médiocrement abondantes ; elles sont situées dans les terrains volcaniques anciens de la péninsule Italienne. C'est seulement de nos jours que l'usage du Pétrole est devenu universel en France et en Europe pour l'éclairage domestique. Les Américains du Nord en exploitent dans leur pays, depuis quelques années, des sources inépuisables ; il n'y a pas d'exagération à dire qu'ils en inondent le marché européen. L'éclairage au Pétrole est à la fois brillant et économique, ce qui le fait adopter dans beaucoup de ménages ; malheureusement il n'offre pas toute la sécurité désirable ; voici pourquoi. Les huiles de graines grasses, habituellement en usage pour alimenter les lampes, sont *fixes*, ce qui veut dire que, quelque température qu'elles supportent, elles ne peuvent s'évaporer. Donc, si vous élevez trop la mèche d'une lampe, vous aurez une flamme trop forte, de la fumée avec odeur de graillon, le verre éclatera ; mais vous n'aurez pas de vapeur d'huile, pas d'explosion, par conséquent. Le Pétrole ou huile minérale est composé de deux parties, une huile fixe, douée des mêmes propriétés que les huiles de graines grasses, et une huile volatile analogue à l'essence de térébenthine. Quand la flamme d'une lampe alimentée par le Pétrole devient trop intense et donne trop de chaleur, la partie volatile de cette huile minérale se convertit en vapeur ; cette vapeur prend feu et fait éclater non-seulement le verre de la lampe, mais aussi la lampe elle-même. Sans doute, avec beaucoup de prudence, ces accidents peuvent être évités ; mais en fait, ils sont assez fréquents et assez graves pour retarder la généralisation de l'éclairage au Pétrole, jusqu'à ce que ce Bitume liquide ne soit vendu qu'après avoir été totalement dépouillé par la distillation de sa partie volatile et que les lampes destinées à l'éclairage au Pétrole soient assez perfectionnées pour que les explosions ne soient plus à redouter.

Tourbe. — C'est uniquement pour se conformer à la classification généralement admise qu'on place ici la Tourbe au rang des combustibles minéraux ; la Tourbe est une substance purement végétale, qui n'a point été minéralisée par son mélange avec une portion quelconque de l'écorce solide du globe, et qui a même si peu changé de nature qu'on y reconnaît les plantes dont elle est formée. Ce sont des plantes aquatiques dont les débris, lorsqu'elles meurent, ne peuvent pas être entraînés au loin, parce quelles ne végètent que dans des eaux dormantes ou stagnantes. Leurs restes accumulés au fond des eaux s'y conservent à l'état solide, et finissent par combler entièrement les marais tourbeux. On exploite la Tourbe en mottes carrées, qui, lorsqu'elles ont été séchées à l'air libre, brûlent très bien et servent au chauffage domestique des familles peu aisées dans les campagnes. Il existe dans tout le Nord de l'Europe des tourbières inépuisables ;

à mesure que la Tourbe en est enlevée, elles se remplissent d'eau : la végétation des plantes aquatiques y recommence ; au bout d'un nombre d'années déterminé, on les exploite de nouveau. On rencontre fréquemment en France des terrains tourbeux dont on exploite la Tourbe non comme chauffage, mais comme amendement très efficace quand il est associé à la chaux vive, pour fertiliser les terres maigres, depuis longtemps incultes, qu'on veut rendre à la production agricole.

Soufre. — Bien que le Soufre ne soit pas de nature à être employé comme moyen de produire la chaleur artificielle, il ne saurait être classé ailleurs que parmi les combustibles minéraux ; c'est incontestablement un minéral, et il est essentiellement combustible. Le Soufre appartient exclusivement aux terrains plutoniens les plus récents ; on ne le trouve que dans le voisinage des volcans en activité. Les terrains qui avoisinent l'Etna et le Vésuve, en Italie, fournissent à l'Europe tout le Soufre qu'elle emploie en quantités très considérables pour fabriquer la poudre de guerre et l'acide sulfurique, et pour combattre la maladie de la vigne. Les terrains voisins du mont Hécla en Islande recèlent aussi du Soufre en abondance ; mais la situation difficilement accessible de ces dépôts de Soufre en rend malheureusement l'exploitation impossible.

Sel minéral ou gemme. — Pour compléter l'exposé des substances minérales que l'homme emprunte à la nature inorganique, il nous reste à parler de deux sels, le *Sel minéral* ou *Sel gemme* et l'*Alun*.

On trouve sur plusieurs points de l'Europe, spécialement près de Wielizka, en Pologne, et près de Dieuze, en France, dans la Meurthe, de riches dépôts de Sel désigné sous le nom de Sel gemme, pour le distinguer du Sel marin, dont il ne diffère d'ailleurs sous aucun rapport. Comment le Sel marin s'est-il formé au sein des mers? C'est un de ces problèmes dont les naturalistes n'ont point encore trouvé la solution. Quant au Sel gemme, il est évident que les eaux des mers, déplacées aux époques géologiques, l'ont abandonné en s'évaporant, en raison de la chaleur centrale. beaucoup plus active alors qu'elle ne l'est aujourd'hui. L'exploitation des mines inépuisables de Sel gemme est un bienfait inappréciable pour les populations éloignées des rivages de la mer, qui, sans le Sel gemme, ne pourraient faire usage de Sel qu'en supportant, pour s'approvisionner de Sel marin, des frais de transport qui en rendraient le prix très élevé.

Alun. — Les usages de l'Alun sont beaucoup plus limités que ceux du Sel marin et du Sel gemme ; il trouve son principal débouché dans l'apprêt des tissus pour recevoir la teinture et dans celui du papier. Le principal gisement d'Alun, en Europe, est exploité en Italie, dans des terrains plutoniens, entre Rome et Civita-Vecchia. L'Alun de cette provenance est connu dans le commerce sous les noms d'Alun de Rome et d'Alun de roche. Les quantités de ce Sel fournies par les alunières d'Italie et par celles des bords de la Meuse, dans la province de Liége, en Belgique, ne suffisent pas aux besoins de l'industrie. L'Alun est fabriqué en quantités proportionnées aux besoins de la teinturerie et de la papeterie dans les fabriques de produits chimiques ; il ne diffère en rien de l'Alun naturel, ni par sa composition ni par ses propriétés.

L'Air et l'Eau. — La nature ne se prête jamais avec une docilité parfaite aux divisions inventées par la science humaine. On ne peut assurément pas prétendre que l'Air et l'Eau sont des substances minérales; cependant, comme il est impossible de les passer sous silence, puisqu'ils sont les agents essentiels de la vie végétale et de la vie animale, et que, dans les traités d'histoire naturelle, il faut bien les caser quelque part, ils prennent rang assez rationnellement à la suite des minéraux, comme faisant partie de la nature inorganique.

Air. — L'Air forme autour de la terre une enveloppe gazeuse nommée très justement Atmosphère, ce qui veut dire *sphère d'air.* Outre ses éléments principaux qui sont l'Oxygène et l'Azote, l'Air contient des traces de gaz ammoniac, et une très petite quantité de charbon, sous forme de gaz acide carbonique. Ce charbon, qui semble si peu abondant que sa présence dans l'Air serait ignorée sans les recherches de la science, est rendu incessamment à la Terre par les végétaux, qui en font une partie importante de leur nourriture. Considérez un bois débité pour être converti en charbon, un hectare en donnera plusieurs milliers de kilogrammes. Où ce charbon a-t-il été pris? Ce n'est pas dans la terre, qui en contient à peine des traces; les arbres l'ont puisé dans l'air, par la respiration de leur feuillage, pendant le cours de leur vie végétale. Dans les forêts vierges de l'ancien et du nouveau monde, que l'homme n'exploite jamais et où les arbres meurent de vieillesse, ils rendent à la terre des masses considérables de charbon. Il n'est pas douteux que tout le charbon contenu dans les dépôts houillers, n'ait été, comme celui des arbres des forêts actuelles, puisé dans l'atmosphère. Tel est le lien intime qui rattache l'air atmosphérique aux minéraux.

Eau. — L'Eau à l'état de glace occupe comme corps solide de grands espaces à la surface du globe, soit dans les gorges des hautes montagnes, sous forme de glaciers, soit dans le voisinage des deux pôles, sous forme de champs de glace et de glaçons flottants, dont on a expliqué précédemment le mode de formation. Si l'homme était constitué physiquement pour vivre à la température moyenne de 10 à 11 degrés au-dessous de zéro, et que cette température prît la place de la moyenne actuelle de 10 à 11 degrés au-dessus de zéro, l'homme ne connaîtrait l'Eau qu'à l'état solide, il s'en servirait en qualité de pierre de taille, pour bâtir ses habitations.

De même que l'air a été l'agent principal de la formation du charbon dans la végétation primitive qui a donné naissance au charbon minéral, l'Eau a servi de dissolvant au sel gemme, ce qui la rattache intimement aux minéraux. A l'intérieur de l'écorce solide du globe, à une profondeur relativement peu considérable, l'Eau existe en nappes puissantes, que les forages, nommés *puits artésiens*, font jaillir au-dessus du niveau de la surface du sol, formant ainsi d'abondantes fontaines à l'usage de l'homme. C'est par les puits artésiens qu'en Afrique l'homme agrandit peu à peu, aux dépens du désert, son domaine habitable et cultivable.

Les sources qui, pour se faire jour jusqu'à la surface de la terre, ont filtré à travers des terrains de nature diverse, sont désignées sous le nom de *sources minérales*, en raison des principes que leurs eaux tiennent en dissolution ; les Eaux minérales sont une ressource précieuse pour la guérison d'une foule de maladies. Quand elles remontent, par une sorte de distillation naturelle, des profondeurs de la terre où règne une température élevée, les Eaux minérales sont plus ou moins chaudes ; elles prennent dans ce cas le nom d'*Eaux thermales*. Les bains d'Eaux thermales ont une grande efficacité comme médicament externe, spécialement contre les maladies de la peau, et contre les affections rhumatismales.

DEUXIÈME PARTIE

NATURE ORGANIQUE

CHAPITRE III

Botanique. — Les naturalistes nomment *Botanique*, d'un mot grec qui signifie *plante*, la division de l'histoire naturelle qui traite des végétaux et de la végétation, première forme de la nature organique. Ici, comme dans toutes les branches du savoir humain, il n'y a pas accord parfait entre les données de la science et la réalité des choses. Bien des corps rangés parmi les êtres inorganiques ont une sorte d'organisation, comme les cristaux qui, selon leur espèce, affectent des formes régulières, qui ne varient jamais. D'autres sont doués d'une sorte de vie très rudimentaire, il est vrai, mais très réelle cependant. Qu'est-ce, par exemple, que la modification profonde qui survient dans l'arrangement des molécules d'un essieu de fer forgé ou des plaques de tôle d'une chaudière à vapeur, quand par le mouvement des roues ou par le frémissement de l'eau en ébullition, le fer de l'essieu cristallisé intérieurement se brise, et la tôle des plaques de la chaudière, transformée dans le même sens, perd sa force de résistance, et vole en éclats? Certes, la cristallisation n'est point une organisation comparable à celle qui accompagne la vie végétale; mais, bien que les corps cristallisés soient compris dans la nature inorganique, ils offrent un commencement d'organisation. La chaîne des êtres naturels n'est pas composée d'anneaux qu'il soit possible d'isoler les uns des autres d'une manière absolue; sur les limites de la Botanique et de la Zoologie, le naturaliste rencontre des animaux-plantes (*Zoophytes*), et des plantes qui sont presque des animaux. Ces réserves faites, par respect pour la réalité, on suivra dans la seconde partie de l'histoire naturelle élémentaire, la classification la plus généralement admise des êtres organisés, végétaux et animaux.

Les végétaux naissent, vivent, grandissent, se reproduisent et meurent, suite d'actes qui constituent et terminent la vie végétale. Ces actes s'accomplissent au moyen *d'organes*, de parties distinctes remplissant des fonctions spéciales, dont l'ensemble est nécessaire à la vie des plantes. Chacun des organes des végétaux a sa manière propre de fonctionner. Ainsi, pour étudier la vie végétale, il faut connaître d'abord les organes des végétaux. Cette connaissance est l'objet de la première division de la Botanique, nommée *Organographie végétale.* Quand on a étudié l'Organographie végétale, il faut se rendre compte du mode d'action de chaque organe; c'est l'objet d'une seconde division de la botanique, la *Physiologie végétale.* C'est seulement lorsqu'on est initié à la nature des organes des plantes et au genre de fonctions que chacun d'eux doit remplir, qu'on peut aborder l'étude des végétaux eux-mêmes, de leurs rapports entre eux, des différences qui les distinguent, et des caractères qui permettent d'en établir la classification, étude qui constitue la *Botanique* proprement dite.

Organographie végétale. — Si l'on observe superficiellement l'ensemble des végétaux cultivés et sauvages d'un canton quelconque, on voit du premier coup d'œil que tous ne sont pas organisés aussi complétement les uns que les autres; mais, chez tous, les mêmes fonctions sont accomplies par les mêmes organes. Plusieurs de ces organes se trouvent réunis chez le plus grand nombre des plantes; ce sont : 1° la Tige; 2° la Racine; 3° les Feuilles; 4° la Fleur; 5° le Fruit; 6° la Graine. D'autres organes n'existent que chez quelques plantes; ils ne sont pas, d'après la nature de leurs fonctions, indispensables à la vie végétale ; ce sont : 1° les Stipules; 2° les Vrilles ; 3° les Epines; 4° les Poils.

Tige. — La Tige est l'organe essentiel des végétaux, celui qui supporte tous les autres. Les espèces de Tige les plus importantes à connaître, sont: *le Tronc*, *le Stipe* et *le Chau-*

me. Toutes les plantes qui ont un tronc portent le nom d'arbres. Le plus souvent, le tronc est rameux ; sa consistance est ligneuse ; les arbres fournissent outre le bois de chauffage, la matière première des industries du charpentier, du charron, du menuisier et de l'ébéniste. Il en est, dans les forêts du Nouveau Monde, qui dépassent 100 mètres de haut, et dont le diamètre à leur base est de plusieurs mètres.

Le Stipe est un Tronc d'une nature particulière, toujours simple, quoique souvent d'une grande hauteur. Il est formé, non pas par des couches concentriques superposées, dont il se produit une tous les ans, comme le Tronc des arbres ramifiés, mais par la réunion et la consolidation des bases des feuilles. Le Stipe est toujours terminé par un bouquet de feuilles, du centre duquel sortent les fleurs, puis les fruits ; ce genre de tige est particulier à la famille des Palmiers.

Le Chaume se distingue des autres tiges par sa forme cylindrique ; c'est une tige creuse à l'intérieur, interrompue de distance en distance par des nœuds desquels partent les feuilles, terminée par un épi de fleurs auxquelles succèdent les graines. En Europe, les Chaumes n'appartiennent qu'aux plantes herbacées, spécialement aux Céréales et aux herbes qui composent le foin des prairies naturelles ; dans les régions intertropicales, quelques espèces de Bambous ont pour tiges des Chaumes qui conservent leurs caractères, mais dont les dimensions en hauteur comme en diamètre sont égales à celles des plus grands arbres de nos forêts.

Racines. —Les Racines remplissent la double fonction d'attacher la plante au sol et de puiser dans la terre une partie de sa nourriture. Chez la plupart des plantes, la Racine est le principal agent de l'alimentation; chez quelques-unes, ce sont les feuilles qui, presque seules, puisent dans l'atmosphère les principes dont la plante se nourrit. Les Racines sont souvent accompagnées de substance charnue contenant des bourgeons propres à la reproduction de la plante; ce sont des *tubercules*, tels que ceux de la Pomme de Terre et du Topinambour; ce ne sont pas de véritables Racines. La même observation s'applique aux *bulbes*, qu'on désigne communément sous le nom d'*oignons*. L'oignon n'est pas une Racine, et la preuve, c'est que sous le plateau ou partie inférieure de l'oignon, se développe un paquet de Racines fibreuses, qui seules attachent la plante à la terre, où elles puisent les principes nécessaires à son développement. Les Racines affectent beaucoup de formes diverses; chez les arbres, elles sont le plus souvent *rameuses* comme chez l'Orme et le Poirier; chez le Froment et les autres Céréales, elles sont *fibreuses* et ne dépassent pas le volume d'un gros fil; chez le Pin, le Sapin et les autres arbres resineux, elles sont *pivotantes*, c'est-à-dire qu'au lieu de se ramifier et de s'étendre dans tous les sens, elles s'enfoncent perpendiculairement dans le sol; chez la Carotte et la Betterave, elles sont *fusi-*

formes, offrant une ressemblance frappante avec la forme du fuseau des fileuses.

La durée des Racines est souvent beaucoup plus longue que celle de la tige. Chez plusieurs plantes cultivées, telles que la Carotte et la Betterave, la tige qui doit porter les fleurs, puis les graines, ne se développe que la seconde année; après avoir porté graine, la plante entière meurt; il en résulte que ces plantes sont bisannuelles par leurs Racines seulement; les tiges sont annuelles. Chez d'autres plantes, telles que les Phlox de nos jardins, les tiges sont annuelles et les Racines *vivaces*, c'est-à-dire qu'elles durent un nombre d'années indéterminé.

Feuilles. — Les Feuilles, qui reproduisent toutes les nuances de vert, donnent une physionomie particulière à la végétation de chaque pays. Dans le Nord, le feuillage des bois n'existe pas, pour ainsi dire; il est remplacé par les *Aiguilles*, qui tiennent lieu de Feuilles aux arbres résineux; dans les contrées tempérées, l'épais feuillage du Chêne, du Hêtre et du Charme, donne en été un ombrage frais et impénétrable aux rayons solaires; dans les régions intertropicales, les feuillages amples et variés d'une végétation puissante, dominée par les panaches de feuilles des Palmiers, et les guirlandes de Lianes suspendues d'un arbre à l'autre, donnent aux forêts vierges, que la cognée du bûcheron n'a point entamées, un aspect inconnu partout ailleurs. Dans le vaste continent de l'Australie, ce qui frappe, c'est la rareté du feuillage: les forêts sont sans ombrage; les Feuilles, plus souvent brunes que vertes, sont rares, quand elles ne manquent pas presque complétement; partout, les Feuilles sont la partie la plus apparente de l'ensemble de la végétation.

Quelques végétaux manquent de Feuilles; telle est en Europe la *Cuscute*, dont les bouquets de fleurs sont attachés à de simples filets fins comme des cheveux. Chez d'autres, la tige et la Feuille sont un seul et même organe; tels sont les *Cierges* ou *Cactées* du nouveau continent. D'autres n'ont que des Feuilles, sans tiges; telles sont les *Polypodes* de nos forêts. Rien de plus varié que la forme des Feuilles. Dans une Feuille complète, par exemple une Feuille de *Platane*, on distingue en premier lieu les *nervures* ou côtes saillantes formant comme la charpente de la Feuille. Les intervalles entre les nervures sont remplis par la substance verte nommée *parenchyme*. Le tout est recouvert d'un épiderme très mince percé d'une multitude d'ouvertures nommées *stomates*; ce sont les organes de la respiration chez les végétaux.

Quand les Feuilles n'ont en tout et pour tout que la nervure du milieu, ce sont les aiguilles des arbres résineux. Ce genre de feuilles est presque toujours *persistant*, ce qui rend les arbres qui les portent toujours verts, parce que leurs Aiguilles ne tombent qu'à mesure qu'elles sont remplacées par d'autres. La plupart des autres Feuilles sont *caduques*, ce qui veut dire qu'elles tombent en automne et ne sont remplacées qu'au printemps par des Feuilles nouvelles. Sous les tropiques, toutes les Feuilles, quelle que soit leur forme, sont persistantes; les Feuilles se succèdent sans interruption, parce qu'il n'y a pas pour ces contrées de période de sommeil de végétation semblable à celle qui a lieu tous les ans dans les pays tempérés et septentrionaux.

Fleur. — Chez les végétaux comme chez les autres êtres organisés, tout est subordonné à la perpétuité de l'espèce, à la continuation de la vie végétale, de génération en génération. C'est ce qui donne une importance prépondérante à la Fleur, qui renferme les organes de la reproduction; les autres organes semblent uniquement destinés à préparer la naissance et le développement de la Fleur. Une Fleur complète comprend 1° un calice, adhérent à la tige; 2° une corolle insérée dans le calice; 3° des organes reproducteurs renfermés dans la corolle, occupant le centre de la Fleur. Les organes reproducteurs sont mâles ou femelles; l'organe mâle se nomme *etamine:* l'organe femelle se nomme *pistil.* Dans l'étamine, on distingue le *filet* ou support, et l'anthère, soutenue par le filet. Dans le pistil, on distingue le *style* terminé à sa partie supérieure par une ouverture nommée *stigmate*, et l'*ovaire* à la base du style, renfermant les rudiments des graines, qui sont, en effet, comme les œufs des végétaux.

Dans les Fleurs de plusieurs plantes, spécialement dans celles des Lis et des autres plantes de la même famille, le calice, composé de segments ou *sépales* colorés et parfumés, remplace la corolle ; il en tient lieu, et renferme immédiatement les organes reproducteurs.

La corolle est toujours la partie la plus brillante de la Fleur ; ses divisions se nomment *pétales ;* ce qu'on nomme dans le langage ordinaire des feuilles de roses est nommé par les naturalistes *pétales de roses.* Quand la corolle est tout d'une pièce, comme celle de la Campanule, par exemple, on la nomme *monopétale.* Il y a des familles entières où la corolle manque et n'est pas remplacée par un calice coloré. Telle est principalement en Europe la famille nombreuse des Graminées, dans laquelle les étamines et le pistil sont directement enfermés dans le calice ; aussi dit-on vulgairement que les Graminées n'ont pas de Fleurs ; car, pour le vulgaire, la Fleur, c'est la corolle.

Fruit. — L'ovaire, tandis que les graines se développent et mûrissent dans son intérieur, grossit après que la fleur est tombée, et devient le *Fruit.* La forme et le volume des Fruits varient à l'infini ; il y en a d'énormes comme la Citrouille, de tout petits, comme les baies de l'Aubépine, de charnus, comme la Poire et la Pomme ; d'autres sont *ailés,* c'est-à-dire pourvus de membranes qui donnent prise aux vents, et leur permettent de disperser au loin les semences de certains arbres ; tels sont en Europe les Fruits de l'orme et ceux de l'érable.

On nomme *Drupes* les fruits charnus qui renferment une seule semence renfermée elle-même dans une coque ligneuse nommée *Noyau*. La Prune, l'Abricot et la Pêche sont des Drupes. On nomme *Baies* des Fruits dont la graine ou les graines sont renfermées dans une pulpe plus ou moins aqueuse. La Groseille et le Raisin sont des Baies.

L'une des formes les plus répandues du Fruit est la *Silique*, nommée *Légume* par les botanistes. Cette forme particulière de Fruit renfermant les graines entre deux cloisons, donne son nom à la nombreuse famille des Légumineuses, qui comprend des plantes potagères comme le Pois et la Fève, et de grands arbres comme le Robinier ou faux Acacia. Les arbres résineux ont pour Fruits des *Cônes* ou *Strobiles*, composés d'écailles entre lesquelles sont logées les semences. C'est ce qu'on nomme vulgairement des *Pommes de Pin*, bien que cette forme de Fruit ne soit pas exclusive au Pin ; c'est également celle du Fruit du Sapin, de l'Épicéa, du Cèdre, du Mélèze, et d'une foule d'autres arbres à feuilles persistantes.

Beaucoup de plantes n'ont pas de Fruit ; les graines, sans autre enveloppe que le calice desséché, succèdent à la fleur ; c'est ainsi que se comportent les graines du Froment, de l'Avoine et des autres Céréales. D'autres plantes ont pour Fruit des capsules très grosses comme celles du Pavot, nommées *têtes de Pavot*, ou très petites comme celles du Plantin commun.

Graine. — La production de la Graine est le dernier mot de la plante, le but définitif de sa vie végétale. C'est pourquoi beaucoup de plantes nommées pour cette raison plantes annuelles, meurent après avoir formé, nourri et mûri les Graines qui doivent perpétuer leur espèce. Dans la Graine, tout est combiné pour protéger *l'embryon* ou germe qu'elle renferme, et qui doit se développer sous l'empire d'une température favorable, quand la Graine se trouve en contact avec le sol. L'embryon a pour première nourriture la substance même de la Graine qui le contient, et qui consiste en un ou plusieurs *cotylédons* ou lobes séminaux, qui doivent nourrir le germe, en attendant qu'il ait formé une tige, des feuilles et des racines. Ces détails sont parfaitement visibles dans une Fève ou un Haricot; ils existent de même dans les Graines les plus menues, où ils ne peuvent être aperçus qu'à l'aide du microscope.

Au point de vue économique, les Graines sont, parmi les divers organes des plantes, celui qui contribue pour la plus large part à la nourriture du genre humain. On connaît le rôle que jouent dans l'alimentation des peuples civilisés le Riz en Orient, le Froment dans les pays tempérées, et le Maïs dans le Nouveau Monde.

Organes accessoires. — Il suffit de mentionner les organes accessoires, qui se rencontrent seulement chez un petit nombre de végétaux.

Les *Stipules* sont des appendices foliacés qui naissent au point d'insertion du pétiole de la feuille sur la tige de la plante. Les *Vrilles* servent à certaines plantes sarmenteuses pour s'accrocher aux corps environnants qui peuvent leur servir de soutien. Les *Epines* sont des rameaux avortés, terminés en pointe aiguë. Les *Aiguillons* n'ont pas d'insertion dans le bois de la branche qui les porte ; ce sont de simples excroissances de l'épiderme du rameau. C'est donc à tort qu'on dit vulgairement qu'il n'y a pas de Rose sans Epine. La Rose n'a pas d'Epines, elle n'a que des Aiguillons. Si l'on pousse de côté les Epines du Rosier, comme ce sont de simples Aiguillons, ils se détachent et laissent après eux une légère cicatrice. Répétez l'expérience sur les piquants de l'Aubépine ; comme ce sont de véritables Epines, vous ne pourrez les détacher sans recourir à la serpette ou au sécateur.

Les poils dont quelques plantes sont entièrement revêtues, comme le Bouillon Blanc, existent sur beaucoup de végétaux ; ceux qui en sont absolument dépourvus sont nommés *glabres* par les botanistes. Les poils les plus remarquables sont ceux qui, malgré leur extrême finesse, consistent en un tube creux aboutissant à une glande pleine d'un liquide caustique. Si l'extrémité de l'un de ces poils vient à toucher à la peau, le liquide caustique s'introduit dans la piqûre et fait naître une ampoule douloureuse. C'est ainsi que les poils de l'Ortie causent à la peau des mains une douleur passagère, mais très vive. Les poils végétaux qui ne sont pas creux intérieurement, comme ceux de l'Ortie, sont inoffensifs.

Physiologie végétale. — Les divers organes des plantes, tels qu'on vient de les décrire, remplissent chacun des fonctions distinctes, qui toutes ont pour but, comme on l'a vu, de faire parcourir au végétal toutes les phases de son existence, et d'assurer sa reproduction. C'est pourquoi les faits du domaine de la physiologie végétale se rattachent à trois faits principaux : la *naissance*, l'*accroissement* et la *reproduction* des plantes.

Naissance. — Comment naît un végétal? On peut le considérer comme né au moment où la graine, parvenue à maturité, contient un embryon bien constitué, capable de devenir une plante semblable de tout point à celle qui a produit la graine. Mais, la vie apparente de la plante ne commence que quand l'embryon entre dans sa première période de développement par *la germination*. Quand une graine germe sous la double influence de l'humidité et de la chaleur, ses cotylédons se gonflent, sa racine s'allonge et s'enfonce en terre; ses premières feuilles se forment d'abord aux dépens des cotylédons, ensuite à l'aide de la nourriture que la jeune racine puise dans la terre; dès lors, la plante existe, elle entre dans la vie végétale, ses organes entrent en fonctions.

Accroissement. — On nomme *sève* le liquide aqueux puisé dans la terre par les extrémités des racines, et distribué à toutes les parties de la plante par les vaisseaux qui représentent ses veines; car le rôle joué par la séve, par rapport à la vie végétale, offre beaucoup de ressemblance avec le rôle joué par le sang dans la vie animale.

Dans les pays au climat tempéré, il se manifeste chez tous les végétaux deux mouvements de la séve, l'un au printemps, le plus énergique des deux, l'autre en juillet, improprement désigné sous le nom de *séve d'août.*

L'accroissement de toutes les parties du végétal se fait tant que la séve est en activité, soit par les éléments qu'elle emprunte à la terre, soit par ceux que puisent dans l'atmosphère les feuilles de la plante, en décomposant l'air absorbé par les stomates pour s'en approprier le carbone, et le distribuer dans tout le végétal. L'agent indispensable de cette fonction des feuilles, si nécessaire à l'accroissement des végétaux, c'est la lumière. Placez une plante dans l'obscurité ; donnez-lui d'ailleurs la terre qui lui convient le mieux et la température le mieux appropriée à sa nature, la plante ne mourra pas, mais elle *s'étiolera*, c'est-à-dire que celles de ses parties qui devaient être vertes seront blanches ou jaunes ; la floraison et la fructification ne pourront s'accomplir.

C'est que, faute de lumière, les stomates des feuilles n'auront pas pu prendre dans l'air la quantité de carbone dont la plante a besoin pour parcourir dans des conditions normales les phases de son accroissement.

Dans les régions tropicales, il n'y a pas deux mouvements de la séve ; il n'y en a qu'un ; les arbres ne sont jamais dépouillés de leurs feuilles ; l'accroissement des végétaux se poursuit sans interruption.

Reproduction. — L'étamine, organe mâle de la plante, transmet au pistil, organe femelle, une poussière jaune contenue dans l'anthère. Les naturalistes, nomment cette poussière, *pollen.* Chacun des grains du pollen, vu au microscope, représente un œuf d'une petitesse extrême. Quand la fleur est complétement épanouie et que les étamines ont pris tout leur développement, l'anthère se fend latéralement et laisse échapper le pollen, dont la plus grande partie est perdue. Quelques grains seulement pénètrent par l'ouverture du stigmate dans le style, et de là dans l'ovaire. Dès que le pollen est en contact avec les ovules contenus dans l'ovaire, ses grains se crèvent d'eux-mêmes ; le liquide qu'ils contiennent se répand sur les ovules et en opère la fécondation. Alors, la corolle tombe, les étamines et le pistil se dessèchent ; l'ovaire seul subsiste ; il continue à grossir et devient le fruit, qui tombe à son tour, quand la graine est arrivée à maturité. Ces faits peuvent être facilement observés dans la fleur et le fruit du Poirier, du Pommier, du Pêcher, de l'Abricotier. Quand le fruit tombe, la graine qu'il renferme, sous forme de pepin ou de noyau, est mise en contact avec la terre ; la pulpe du fruit pourri est un engrais naturel qui favorise la germination de la graine et la croissance de la jeune plante qui vient de naître. Ce qui se passe visiblement dans la fleur et le fruit de nos arbres fruitiers se passe de même, mais invisiblement, dans toutes les fleurs qui renferment des organes reproducteurs mâles et femelles.

Quelques végétaux, notamment le Palmier-Dattier, sont *dioïques*, c'est-à-dire qu'il y a des Palmiers femelles dont les fleurs n'ont que des pistils et des Palmiers mâles, dont les fleurs n'ont que des étamines. Chez ces Palmiers, de même que chez le Chanvre, plante textile cultivée dans toute l'Europe, la fécondation a lieu à distance ; la plante mâle disperse son pollen, que le vent et les insectes, particulièrement les abeilles, transportent sur les fleurs femelles, dont il opère la fécondation.

Tels sont les principaux actes de la vie végétale, dont l'étude approfondie constitue la physiologie végétale, branche de la Botanique où une foule de curieux détails restent encore à découvrir.

Classification. — L'étude de l'organographie et de la physiologie végétale a révélé aux naturalistes les divers caractères des plantes, ce qui a permis de les classer d'après leurs analogies, et d'en dresser ainsi un catalogue complet, de nature à en rendre l'étude possible. Le nombre des végétaux connus et classés est d'environ 300,000, et il y en a au moins autant dont les botanistes n'ont point encore fait la connaissance. Quelle mémoire humaine suffirait à retenir les noms et les caractères de tant de plantes, si elle n'était aidée par une classification rationnelle ? Tournefort, savant médecin du dix-septième siècle, tenta le premier d'introduire cette classification, en prenant pour base la fleur et ses formes diverses ; c'était un premier essai trop imparfait pour subsister longtemps. Linné, savant naturaliste Suédois, entra dans une meilleure voie en classant les végétaux d'après leurs organes reproducteurs. Le *système sexuel* de Linné a été longtemps seul en usage parmi les botanistes européens. De nos jours, il a cédé la place à la *méthode de Jussieu*, dite *méthode naturelle*, qui, fondée à la fois sur la fleur, les organes reproducteurs, et les autres organes essentiels des végétaux, permet de leur assigner à chacun, sans confusion, la place qui leur convient. Pour l'étude plus approfondie de la classification des végétaux, le lecteur est prié de recourir au volume de notre publication, spécialement consacré à la Botanique.

ZOOLOGIE

CHAPITRE IV.

La division de l'Histoire naturelle nommée *Zoologie* comprend l'histoire naturelle de tous les êtres doués de la vie animale, depuis les animaux les plus imparfaits jusqu'à l'homme, l'être le plus complétement et le plus parfaitement organisé. La plupart des traités d'Histoire naturelle commencent la Zoologie par l'étude de l'homme; cet ordre, pour des notions tout à fait élémentaires, ne semble pas rationnel; l'ensemble des animaux se grave mieux dans la mémoire si l'on commence par les plus simples pour terminer par le plus complet.

En remontant dans ce sens l'échelle des êtres, on trouve tout au bas : 1° les *Zoophytes;* 2° les *Mollusques;* 3° les *Annélides;* 4° les *Crustacés;* 5° les *Arachnides;* 6° les *Myriapodes.* Ces six classes d'animaux comprennent tous ceux dont l'organisation est la moins parfaite.

Les animaux les mieux organisés, toujours en remontant des plus simples aux plus complets, sont rangés dans 5 classes : 1° les *Insectes;* 2° les *Poissons;* 3° les *Reptiles;* 4° les *Oiseaux;* 5° les *Mammifères.* L'espèce humaine se rattache à la classe des *Mammifères.*

Zoophytes. — Comme on l'a déjà fait observer, le nom des animaux de cette classe signifie *animaux-plantes;* beaucoup d'entre eux tiennent en effet autant des végétaux que des animaux. Les naturalistes divisent les Zoophytes en cinq sections : 1° les *Infusoires;* 2° les *Spongiaires;* 3° les *Polypes;* 4° les *Acaléphes;* 5° les *Échinodermes.*

Infusoires. — Les *Infusoires* ne sont pas des Zoophytes à proprement parler ; on ne les rattache aux Zoophytes que parce qu'ils ne seraient mieux à leur place nulle part ailleurs dans la classification, et qu'ils occupent dans l'échelle des êtres vivants un degré encore au-dessous des vrais Zoophytes. Si l'homme n'avait pas inventé le microscope, instrument qui, pour les plus petits objets, peut jusqu'à un certain point suppléer à l'imperfection de nos yeux, l'existence des Infusoires ne serait pas même soupçonnée.

Placez sous un fort microscope une goutte d'eau, prise n'importe où, vous serez saisi d'étonnement en la voyant toute peuplée d'un nombre prodigieux d'animaux très divers entre eux, d'une organisation probablement beaucoup moins simple qu'elle ne nous le paraît ; ce sont des Infusoires. Il reste encore bien des merveilles à découvrir dans ce monde des infiniment petits. Les Infusoires sont l'unique nourriture des jeunes poissons pendant la première période de leur existence; ce sont leurs innombrables cadavres qui corrompent l'eau et la changent en eau *croupie:* l'eau par elle-même, sans les animalcules infusoires qu'elle contient, est inaltérable.

Spongiaires. — On désigne sous ce nom les animaux très imparfaitement connus, auxquels l'éponge sert de demeure. On ne sait pas exactement comment les Spongiaires se nourrissent et se reproduisent. Ils fournissent à l'homme l'éponge, dont on connaît les usages domestiques; les éponges les plus estimées sont pêchées sur les rochers sous-marins des côtes de l'Archipel et sur ceux des îles Lucayes, sur le détroit de Bahama.

Polypes. — On connaît mieux l'organisation des *Polypes* que celle des Spongiaires; on distingue chez les Polypes une bouche, et des deux côtés de cette bouche des appendices nommés *tentacules* qui saisissent, pour les porter à la bouche, les objets à leur portée pouvant servir à la nourriture des Polypes; il est permis de leur supposer les sens du toucher et du goût. Si l'on coupe un Polype en plusieurs morceaux, une bouche et des tentacules se développent à l'un de ses bouts, et chaque morceau devient un Polype complet. De même que les Spongiaires, les polypes sont privés de la faculté de se mouvoir. Ils fournissent à l'homme le *corail*, substance d'un rouge vif, très recherchée comme objet de parure. On pêche le corail dans la mer Méditerranée, spécialement sur les côtes de l'île de Corse et sur celles de l'Afrique française. Dans la mer du Sud, certains Polypes, revêtus comme le corail d'enveloppes calcaires, travaillent le long des roches sous-marines avec tant d'activité qu'ils comblent en peu de temps des bras de mer où passaient autrefois les plus gros navires.

Acalèphes. — Les *Acalèphes* ne diffèrent des Polypes qu'en ce qu'ils n'ont pas d'enveloppe calcaire, et sont tous uniformément mous et gélatineux. Leurs espèces sont peu nombreuses; leur organisation est celle des Polypes. L'espèce la plus remarquable est l'*Ortie de mer* ou *Physalie*, qui, par son contact avec la peau, produit des démangeaisons semblables à celles que causent les piquants de l'Ortie commune.

Echinodermes. — Les Zoophytes *Echinodermes* se distinguent des autres Zoophytes par leur peau recouverte de piquants sur toute sa surface. Les plus communs ont un corps composé de cinq rayons disposés en forme d'étoile, ce qui leur a fait donner le nom vulgaire d'*Etoiles de mer* ou *Astéries*. Une autre espèce d'Echinoderme nommée *Oursin*, connue sous les noms vulgaires de *Hérisson de mer* et de *Châtaigne de mer*, sert à la nourriture des populations maritimes; c'est un aliment très salubre.

Mollusques. — Les *Mollusques* doivent leur nom à leur substance molle, dépourvue de parties solides. Les uns, comme la Limace commune, sont entièrement nus ; les autres s'enferment dans une *coquille* qu'ils sécrètent pour leur servir d'habitation. Plusieurs Mollusques à coquilles, entre autres la Moule et l'Huître, sont des aliments recherchés, également sains et agréables. Les coquilles, logement des Mollusques, offrent des formes très variées ; elles sont souvent parées des couleurs les plus vives ; leur étude spéciale forme une division de l'histoire naturelle nommée *Conchyliologie.* Bien que, dans le langage vulgaire, les mots *coquille* et *coquillage* soient souvent pris l'un pour l'autre, la coquille, en histoire naturelle, est le logement d'un mollusque ; le coquillage est le Mollusque logé dans une coquille.

On compte parmi les Mollusques 1° les *Bryozoaires* ; 2° les *Tuniciens ;* 3° les *Acéphales ;* 4° les *Ptéropodes ;* 5° les *Gastéropodes ;* 6° les *Céphalopodes.*

Bryozoaires. — Les Mollusques *Bryozoaires*, bien qu'ils ne soient pas classés parmi les Zoophytes, n'ont pas d'autre sens que celui du toucher ; ils sont privés de la faculté de se mouvoir, et ne manifestent pas la plus légère trace d'instinct ; en somme, ils ressemblent plus à des plantes qu'à des animaux. L'espèce la plus remarquable est la *Pennatule*, dont la forme rappelle celle d'une plume à écrire ; elle est encore moins analogue à un animal que la plupart des Zoophytes.

Tuniciens. — Les *Tuniciens* doivent leur nom à la tunique cartilagineuse dont ils sont enveloppés comme d'une coquille, mais sans consistance solide. On ne distingue chez ces animaux l'organe d'aucun sens ; ils ne paraissent posséder que celui du toucher ; ils ne manifestent aucun instinct. Les uns restent immobiles, fixés aux rochers sous-marins ; les autres flottent à l'aventure, par milliards, à la surface de la mer. L'espèce la plus commune est le *Pyrosome*, qui dégage du phosphore au point de donner lieu au phénomène de la phosphorescence de la mer.

Acéphales. — Le nom de ces Mollusques signifie *sans tête;* en effet, l'anatomie découvre chez ces animaux l'appareil très complet de la digestion, et toute une organisation fort curieuse; elle ne peut y découvrir rien qui ressemble à une tête. Il est assez difficile de comprendre comment une volonté quelconque peut se manifester chez un animal dépourvu de tête. Cependant les Mollusques acéphales ont une volonté. Ces animaux se reproduisent par des germes détachés de leur propre substance ; le flot les pousse sur un corps solide auquel ils s'attachent et ils n'en bougent plus. Aussitôt après leur naissance, ils commencent à sécréter une matière calcaire qui prend la forme d'une coquille en deux parties distinctes.

Ces deux parties nommées *valves* par les naturalistes sont jointes par une charnière membraneuse , qui permet au Mollusque d'ouvrir et de fermer à volonté son domicile, c'est ce qu'il fait et c'est la seule preuve d'instinct que donnent les Acéphales qui logent tous dans des coquilles *bivalves*. Ceux qu'il importe le plus de bien connaître sont l'*Huître*, la *Moule* et la *Phollade*, servant à la nourriture de l'homme. La Phollade, moins commune que l'Huître et la Moule, mais non moins bonne à manger, exécute un travail dont il n'est pas facile de se rendre compte; elle perce des pierres très dures et s'y creuse un logement où elle vit à l'abri des atteintes de ses ennemis, l'homme excepté. On détache des portions de roche sous-marine criblés de trous dont chacun contient une Phollade, c'est un mets toujours cher et fort recherché.

C'est aussi parmi les Acéphales qu'on trouve les coquillages à perles. Les perles fines sont le produit d'une maladie du Mollusque qui fait boursoufler la nacre dont sa coquille est garnie intérieurement. La valeur énorme attribuée aux grosses perles fines est encore plus arbitraire que celle des pierres fines dites précieuses.

Ptéropodes. — La coquille des Mollusques *Ptéropodes* est *univalve*, de forme conique; ils sont d'un degré plus avancé que les Acéphales; outre qu'ils ont une tête, ils sont pourvus de deux ailerons ou nageoires, qui leur permettent de nager pour se rendre d'un point à un autre, au lieu de flotter à l'aventure comme beaucoup d'autres Mollusques marins. Aucun Mollusque Ptéropode n'est utilisé par l'homme sous un rapport quelconque.

Gasteropodes.— Le nom donné par les naturalistes aux Mollusques *Gastéropodes* signifie que le ventre leur tient lieu de pieds, et en effet, ils se déplacent en rampant sur le ventre. Chez les Gastéropodes, l'organisation est beaucoup plus avancée que chez les Acéphales et les Ptéropodes ; ils ont les sens du toucher, du goût, de l'ouïe, et probablement celui de la vue. Les uns sont nus, les autres sécrètent une coquille univalve, tournée en spirale, dans laquelle ils se renferment à volonté. Les Gastéropodes se reproduisent par des œufs et manifestent un instinct déjà très développé dans le choix de leurs aliments et le soin de leur conservation. Presque tous sont terrestres ou d'eau douce ; quelques-uns seulement vivent dans l'eau salée. Parmi les Gastéropodes terrestres, le plus connu est le Limaçon, dont la grosse espèce, à coquille grise, vivant principalement aux dépens de la vigne, est mangeable avec divers assaisonnements. On sait que la tête du Limaçon est pourvue d'appendices rétractiles nommés *tentacules*, ou cornes du Limaçon. Il est probable, mais non certain, que les tentacules sont pour les Mollusques Gastéropodes l'organe de la vue.

C'est aux Gastéropodes qu'appartiennent les plus splendides coquilles des collections de Conchyliologie.

Céphalopodes. — Les Mollusques Céphalopodes ne marchent pas sur le ventre, comme les Basteropodes ; ils marchent sur la tête, et c'est la signification de leur nom ; c'est sous la tête que se trouve placé le point d'appui à l'aide duquel il se meuvent. Ils ont un œil unique placé au-dessus de la bouche, et des appendices très longs qui leur servent à la fois de nageoires et de bras pour saisir leur proie. Les Mollusques Céphalopodes, dont quelques-uns sont d'une taille monstrueuse, sont des animaux très voraces. Ceux du genre *Poulpe* se promènent sur le sable du fond de la mer, et font une prodigieuse consommation de tous les animaux marins trop faibles pour leur résister et trop peu agiles pour leur échapper par la fuite. C'est un Mollusque Céphalopode qui fournit à l'industrie la *sèche*, substance osseuse employée au polissage de divers objets d'art et d'ébénisterie, et la *sépia*, couleur brune à l'usage de la peinture au lavis.

Annélides. — On peut considérer la place accordée aux Annélides au-dessus des Mollusques comme un écart peu justifié de la classification. Les Annélides ne l'emportent en rien sur les Mollusques quant à la perfection de leur organisation. Ils sont, comme leur nom l'indique, composés d'anneaux doués d'une certaine élasticité, qui permet à l'animal de se déplacer en rampant, plus péniblement encore que les Mollusques; ils n'ont d'autres sens que ceux du goût et du toucher; ils se propagent par des œufs, comme les Mollusques; mais, lorsqu'on les coupe en morceaux, chaque tronçon ne tarde pas à devenir un Annélide complet, particularité qui rapproche sensiblement les Annélides des zoophytes. Quelques-uns sont pourvus d'appareils respiratoires nommés *branchies*, analogues aux branchies qu'on nomme vulgairement les *ouïes* des poissons.

Les Annélides sont rangés en cinq sections : 1° les *Helminthes* 2° les *Rotateurs*; 3° les *Abranches*; 4° les *Dorsibranches*; 5° les *tubicoles*. Plusieurs naturalistes forment une classe à part des *Helminthes* et des *Rotateurs*; mais il n'y a aucune raison fondée pour les isoler des autres annélides.

Helminthes. — On désigne sous le nom d'*Helminthes* les Vers intestinaux qui vivent et se propagent à l'intérieur du corps de l'homme et des animaux mammifères. Un fait jusqu'à ce jour inexpliqué, c'est la force de résistance qui permet aux Helminthes de vivre parmi les aliments absorbés par l'homme et les animaux pour leur nourriture, et de ne pas être digérés.

Rotateurs.—Le phénomène le plus extraordinaire que présente l'existence des *Rotateurs*, c'est celui de la mort apparente et de la résurrection après une léthargie d'une durée indéterminée. Les Rotateurs sont des Annélides très petits, qui vivent dans l'eau douce. Desséchez-les, ils auront toutes les apparences d'une mort aussi complète que possible. Remettez-les dans l'eau après un temps quelconque, ils renaîtront, et rempliront toutes leurs fonctions vitales ; l'expérience peut être répétée plusieurs fois, toujours avec le même résultat, sur les mêmes individus.

Abranches. — On ne reconnaît chez les Annélides *Abranches* aucune trace d'organes respiratoires : c'est ce qu'exprime leur nom. Le plus répandu des Abranches est le Ver de terre commun ou *Lombric.* On fait remarquer à ce sujet qu'en Histoire naturelle le mot *Ver* n'a pas le même sens que dans le langage vulgaire. Le Ver, à proprement parler, est un Annélide qui reste toute sa vie dans le même état, et ne subit aucune transformation. Quand nous disons que les fruits sont piqués des Vers, que les Vers rongent une étoffe, les animaux dont nous parlons ne sont pas des Vers ; ce ne sont pas même des Annélides ; ce sont des *larves* qui finiront par devenir des Insectes parfaits, après avoir subi diverses métamorphoses, comme la Chenille improprement nommée Ver à soie, qui finit par se changer en Papillon. Le Lombric ne change pas de forme, non plus que les autres Annélides Abranches ; la *Sangsue* est dans le même cas.

Dorsibranches. — Le nom de ces Annélides signifie qu'ils portent sur leur dos les branchies qui sont leurs organes respiratoires. Les couleurs éclatantes dont ils sont parés les rendent utiles aux pêcheurs, qui les recherchent pour en amorcer leurs hameçons ; les poissons les voient de très loin et en sont fort avides.

Tubicoles. — Ces Annélides, dont l'homme ne tire parti sous aucun rapport, se construisent avec beaucoup d'art des demeures composées de grains de sable et de fragments de coquilles, cimentés à l'aide d'une matière visqueuse qu'ils sécrètent eux-mêmes. Ces loges sont ouvertes aux deux bouts ; l'animal en sort et y rentre à volonté ; elles ont la forme d'un tube ; c'est l'origine du nom donné par les naturalistes aux Annélides *Tubicoles*.

Crustacés.—Les *Crustacés*, ainsi que l'indique leur nom, sont suffisamment caractérisés par la croûte ou coque de nature calcaire dont ils sont enveloppés. Cette croûte sécrétée par l'animal, lui tient lieu de peau, ce n'est pas, comme la coquille de certains Mollusques, une demeure dont il puisse sortir à son gré ; il s'en dépouille tous les ans et éprouve à cette occasion une crise toujours pénible, quelquefois mortelle. Les Crustacés ont une organisation très complète ; ils possèdent les cinq sens des animaux d'un ordre supérieur ; ils manifestent un instinct très développé. Quelques-uns seulement sont terrestres ; le plus grand nombre habite les eaux salées ou les eaux douces. Les Crustacés sont partagés en deux sections, les *Podophthalmaires* et les *Entomostracés*.

Podophthalmaires. —Ce nom exprime une particularité remarquable de ces Crustacés ; leurs yeux, au lieu d'être logés dans une cavité, ou d'être à fleur de tête, comme chez la plupart des animaux doués du sens de la vue, sont placés sur un support solide saillant, ce qui ne les empèche nullement d'y voir très clair.

Les Crustacés Podophthalmaires se multiplient par des œufs qui éclosent sous le corps de la femelle. Les petits naissent semblables à la mère, mais excessivement petits et faibles. Jusqu'à ce qu'ils aient pris assez de force pour se protéger eux-mêmes, la mère ne les perd pas de vue et les réunit sous elle en cas de danger ; tout cela dénote une dose d'instinct de beaucoup supérieure à l'instinct des Mollusques et des Annélides.

Cinq animaux très multipliés dans l'ancien comme dans le nouveau continent, appartenant aux Crustacés Podophthalmaires, servent à la nourriture de l'homme ; ce sont 1° le *Homard*, 2° la *Langouste*, 3° l'*Ecrevisse*, 4° la *Salicoque*, 5° le *Crabe*. Tous ces animaux, qu'il est possible et même facile de faire multiplier artificiellement, sont doués d'une faculté qui leur est commune avec les Zoophytes Echinodermes ; s'ils perdent par accident une de leurs pattes ou des pinces qui, chez plusieurs d'entre eux, remplissent les fonctions de mains et celles de nageoires, cette partie perdue ou retranchée à titre d'expérience, ne tarde pas à repousser.

Il n'est pour ainsi dire personne, excepté les naturalistes, qui ne dise et ne croie que l'Ecrevisse marche à reculons ; elle est même, dans le langage figuré, le symbole de ceux qui aiment mieux reculer qu'avancer. Cependant, en réalité, ni l'Ecrevisse ni aucun autre Crustacé ne marche ou ne nage autrement qu'en avant. Mais, quand l'Ecrevisse a des petits et qu'elle veut les avertir de se réfugier sous elle, elle se replie sur sa queue, par un mouvement de recul, pour mieux couvrir sa jeune famille ; c'est ce mouvement fréquemment observé qui a donné lieu à l'erreur généralement admise, et qui fait croire que l'Ecrevisse a pour habitude de marcher à reculons : il n'en est rien.

Entomostracés. — Les Crustacés Entomostracés sont peu nombreux ; ils appartiennent tous aux eaux douces ou salées du grand Archipel indien et des pays de l'extrême Orient. Le seul animal Entomostracé qui mérite une mention est la *Limule*, très commune dans les possessions françaises en Cochinchine ; il y en a de la grosseur du poing ; la forme du corps est à peu près celle d'un Crabe ; elle est armée à sa partie antérieure d'un piquant long, très dur, avec lequel elle peut faire des blessures dangereuses.

Arachnides. — Les naturalistes placent les Arachnides au-dessus des Crustacés, auxquels ils ne semblent supérieurs ni par l'instinct, ni par l'organisation. Quant à l'instinct, il est certain que les Arachnides n'en manifestent pas plus que les Crustacés ; mais, quant à l'organisation, ils sont pourvus d'appareils respiratoires qui les élèvent d'un degré dans l'échelle des êtres animés.

On divise les Arachnides en deux groupes : 1° les *Pulmonaires*, pourvus d'une poche respiratoire fonctionnant comme de véritables poumons ; 2° les *Trachéens*, qui respirent au moyen de plusieurs ouvertures latérales nommées *trachées*.

Pulmonaires. — La transition des Crustacés aux Arachnides est très naturellement marquée par le Scorpion, qui, par sa coque et ses deux pinces antérieures, ressemble assurément beaucoup plus à une Ecrevisse qu'à une Araignée, type des Arachnides. Mais le Scorpion possède une poche pulmonaire qui manque aux Crustacés, ce qui le rattache aux Arachnides pulmonaires. C'est d'ailleurs, comme tous les Arachnides, un animal repoussant par sa laideur; de plus, il est venimeux. Les Araignées les plus grosses et les plus laides de l'Europe méridionale, même la Tarentule du midi de l'Italie, ne sont pas venimeuses dans le vrai sens du mot. Il y a des Araignées venimeuses en Amérique; mais comme elles sont énormes, et qu'elles ne sont pas nombreuses, il n'est pas difficile d'éviter leurs atteintes. Les Araignées sont douées d'yeux dont le nombre, selon les espèces, varie de 2 à 12. L'Araignée a le sens de la vue d'une perfection dont nous n'avons aucune idée; elle voit probablement des objets que nos yeux, même aidés de verres grossissants, ne sauraient distinguer. On sait que les Araignées se nourrissent exclusivement d'insectes ailés qu'elles prennent dans des toiles filées et tissées aux dépens de leur propre substance; les toiles d'Araignées sont de vrais chefs-d'œuvre de tissage.

Quant au Scorpion, le plus volumineux et le plus laid des Arachnides pulmonaires, sa piqûre est réellement venimeuse. Il porte à l'extrémité de sa queue, mobile dans tous les sens, un crochet creux, muni d'une glande remplie de venin, et disposé comme la dent du Crotale ou Serpent à sonnette. Lorsqu'il attaque les grosses Araignées dont il se nourrit, le Scorpion les pique avec l'aiguillon de sa queue, ce qui les tue instantanément. Il n'attaque jamais l'homme; mais, dans le midi de l'Europe et dans tout le nord de l'Afrique, on le rencontre fréquemment dans les habitations, et si l'on cherche à le prendre sans précaution, il peut faire des piqûres sinon dangereuses, du moins très douloureuses. Il n'est pas vrai, comme on le croit communément, que le Scorpion, écrasé sur la plaie qu'il vient de faire, soit le remède efficace contre sa piqûre.

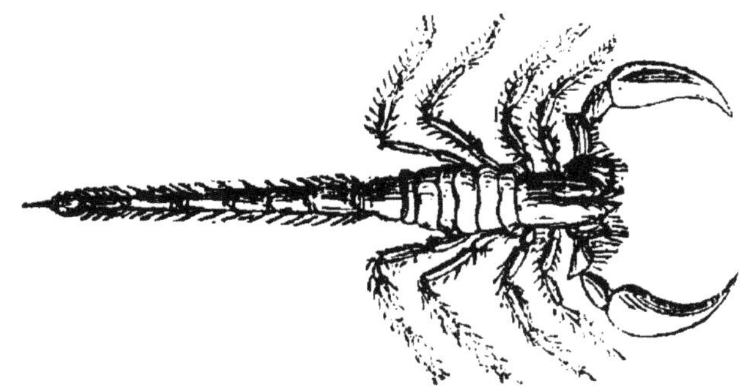

Scorpion.

Trachéens.—Les Arachnides *Trachéens* ont la vue aussi perçante que les Arachnides Pulmonaires. Le plus commun est la grande Araignée à très longues pattes, bien connue sous le nom de *Faucheur* ou *Faucheux*, qui se tient de préférence dans les prairies. Cette araignée n'est pas l'objet de la répugnance inspirée par les autres Arachnides ; on la respecte en général dans les campagnes, et l'on fait bien, car, à l'aide de ses yeux taillés à facettes, elle voit les œufs d'une multitude d'insectes nuisibles, et elle en fait sa nourriture, ce qui rend à l'agriculture d'importants services.

Les autres Arachnides Pulmonaires les plus répandues sont l'*Ixode*, parasite fort incommode, qui pullule sur le gros bétail, et la *Lepte*, plus connue sous le nom d'*Araignée rouge*, dont la piqûre cause des démangeaisons sans danger, mais insupportables.

Myriapodes. — Parmi les animaux des ordres inférieurs, les Myriapodes sont les moins nombreux ; ils se divisent en deux groupes, les *Scolopendres* et les *Jules*, formant la transition entre les Arachnides et les insectes. Car si, dans le langage vulgaire, les arachnides et les myriapodes sont considérés comme des insectes, ils diffèrent essentiellement des insectes véritables, dans le sens que la langue des naturalistes attache au mot insecte. Le nom des *Myriapodes* signifie *dix mille pattes*. On comprend qu'il n'existe pas d'animal qui possède des pattes en nombre aussi exagéré. Les plus grands Myriapodes des contrées intertropicales ont 40 centimètres de long et 80 paires de pattes, ce qui ne se rencontre chez nul autre animal.

Les Myriapodes se divisent en deux groupes : *Scolopendres* et les *Jules*.

Scolopendres.— Les Scolopendres sont des animaux essentiellement chasseurs, vivant d'Insectes et de leurs larves qu'elles détruisent à l'avantage de l'agriculture. Comme le Scorpion, les Scolopendres s'abstiennent d'attaquer l'homme ; elles usent seulement envers lui du droit de légitime défense. La morsure de celles d'Europe, est sans gravité ; celles des pays tropicaux, d'Asie et d'Amérique, en raison de leurs dimensions énormes peuvent blesser dangereusement par leurs morsures ; mais, elles ne recherchent pas l'homme pour le mordre, et on les évite facilement.

Jules. — Ce groupe de Myriapodes, composé d'un petit nombre d'espèces, est organisé comme les Scolopendres, dont il diffère surtout par l'extrême brièveté des pattes, qui fait ressembler les Jules à des vers. Leurs mœurs sont l'opposé de celles des Scolopendres : ils ne chassent pas pour vivre, et ne se nourrissent que de végétaux.

Les Myriapodes terminent la série des animaux incomplétement organisés. Ceux qui suivent, composant la série des animaux complétement organisés, tous doués des cinq sens, à divers degrés de développement, tous pourvus d'un instinct de plus en plus remarquable à mesure qu'ils s'élèvent dans l'échelle des êtres animés, instinct dont on signale seulement des traces chez les animaux qu'on peut pour cette seule raison nommer imparfaits.

INSECTES

CHAPITRE V

Insectes. — Les Insectes doivent leur nom à une particularité qui se rencontre chez le plus grand nombre d'entre eux; ce nom, dérivé du latin, signifie littéralement *coupé en deux*; beaucoup d'Insectes parmi les plus communs, entre autres la Mouche, la Guêpe et la Fourmi, présentent cette disposition; leur corps est comme partagé en deux parties distinctes, dont la première porte la tête et les organes de la locomotion. La transition entre les Myriapodes et les Insectes n'est pas bien tranchée; les Scolopendres et même les araignées sont comprises par tous ceux qui ne sont pas naturalistes parmi les Insectes; les vrais Insectes des ordres inférieurs se rapprochent effectivement des Arachnides et des Myriapodes, auxquels les Insectes d'une organisation plus complète ne ressemblent plus que de très loin.

Ce qui distingue essentiellement les vrais Insectes du reste des animaux, c'est la série de métamorphoses que le plus grand nombre d'entre eux doit subir avant d'arriver à sa forme définitive, sous laquelle il est doué de la faculté de se reproduire. Cette différence nous frappe d'autant plus qu'on ne l'observe chez aucun animal en dehors de la classe des Insectes; cependant, elle est plus apparente que réelle. Par exemple, on ne voit au premier coup d'œil aucune analogie entre le mode de développement du poisson, de l'oiseau et de l'Insecte. Pourtant, tous les trois naissent d'un œuf; mais le poisson et l'oiseau subissent leurs changements de forme *dans l'œuf;* ils en sortent semblables, moins la taille, aux animaux qui leur ont donné naissance. L'Insecte, au contraire, subit ses transformations *hors de l'œuf,* et pendant qu'il les subit, il mange, il agit, il donne des preuves d'instinct souvent très remarquables; là est la différence, bien que la nature n'ait pas soumis les Insectes à des lois de développement essentiellement autres que celles du développement des autres êtres organisés.

Plus l'organisation des Insectes est complète, plus leur instinct est saisissant; tous, sans exception, en possèdent un qui constitue à lui seul une des plus admirables merveilles du monde des Insectes. Beaucoup d'Insectes femelles ne mangent pas; elles n'en ont pas besoin, ne devant vivre sous leur forme définitive d'Insecte parfait que le temps nécessaire pour opérer leur ponte; après quoi elles meurent de leur mort naturelle; les aliments, si elles en prenaient, ne sauraient prolonger leur existence; c'est ce qui a lieu pour les femelles de la plupart des Papillons; elles vivent trop peu de temps pour avoir besoin de manger. Les femelles de quelques autres Insectes, celle du Hanneton, par exemple, n'opèrent leur ponte que successivement; elles vivent par conséquent plusieurs jours, pendant lesquels elles ont besoin de manger. Les aliments qui leur conviennent à l'état d'Insectes parfaits sont toujours différents de ceux qui leur convenaient à l'état de larves. Or, les femelles de tous les Insectes, qu'elles mangent ou qu'elles ne mangent pas sous leur forme définitive, déposent *toujours* leurs œufs à portée des aliments qui pourront convenir à leurs larves; la femelle d'un Papillon ne pond *jamais* ses œufs ailleurs que sur l'arbre dont ses chenilles mangeront les feuilles au sortir de l'œuf, bien qu'elle-même ne mange les feuilles d'aucun arbre. Se souvient-elle de ce qu elle a mangé quand elle était chenille? Il n'est pas possible de l'interroger pour le savoir. De même, la femelle du Hanneton s'enterre pour pondre ses œufs dans un sol garni de plantes dont ses larves mangeront les racines, bien qu'elle-même ne mange pas de racines. Cette preuve de prévoyance maternelle, à laquelle on ne connaît pas d'exception, est assurément ce qu'il y a de plus merveilleux dans l'histoire naturelle des Insectes.

La division de l'histoire naturelle consacrée aux Insectes porte le nom d'*Entomologie*. Les entomologistes rangent tous les Insectes connus dans huit ordres, sávoir ; 1° les *Anoplures ;* 2° les *Diptères;* 3° les *Lépidoptères;* 4° les *Hyménoptères;* 5° les *Névroptères;* 6° les *Hémiptères;* 7° les *Orthoptères;* 8° les *Coléoptères.*

Anoplures. — Les *Anoplures* sont les moins intéressants et les plus dégoûtants des Insectes ; ils vivent en parasites aux dépens de l'homme et de divers animaux ; il suffit de nommer parmi eux le *Pou*, dont on se préserve aisément moyennant quelques habitudes de propreté. On ne mentionne ici les Anoplures que pour faire remarquer qu'ils sont placés, pour ainsi dire, sur la limite qui sépare les Myriapodes des vrais Insectes, et qu'ils forment un anneau de transition entre les animaux d'un ordre inférieur et ceux d'une organisation plus avancée et plus complète.

Diptères.—Le caractère général des *Diptères* est des plus faciles à saisir ; ils ont deux ailes, ce qui permet de ne les confondre avec aucun autre ordre d'Insectes. Jusqu'ici, nous avons observé chez les divers animaux des ordres inférieurs doués de la faculté de se mouvoir à volonté différents modes de locomotion ; nous avons vu les uns ramper, les autres nager ou se déplacer à l'aide de pattes articulées.

Les Diptères ont de plus des ailes, qui leur permettent de se soutenir et, jusqu'à un certain point, de se diriger dans l'air calme. Aucun Insecte, pas plus les Diptères que les autres, n'est doué d'une puissance de vol comparable à celle de l'oiseau, que ses ailes portent d'un point à un autre selon son désir, quelle que soit la direction du vent. Pour les Diptères, comme pour les autres Insectes, cette faculté n'existe pas ; dès que le vent souffle, même modérément, ils sont forcés de se laisser entraîner.

Le nombre des genres et espèces de l'ordre des Diptères est très considérable ; les deux groupes les plus importants à connaître sont les *Culicidés* et les *Muscidés*.

Culicidés. — Le type des *Culicidés* est le *Cousin*, que les entomologistes nomment *Culex*. On a dit avec vérité que si un seul Insecte pouvait multiplier sans entrave et élever sans obstacle son innombrable postérité, la terre cesserait d'être habitable. Cela est vrai sutout du Cousin, dont la femelle pond un nombre d'œufs réellement prodigieux; si la dixième partie seulement de ses œufs donnait un Cousin, l'homme serait forcé de déserter les bords des rivières et des lacs où ces Insectes fourmillent. La femelle, avec une adresse singulière, pond ses œufs à la surface de l'eau tranquille, sur laquelle, étant collés les uns aux autres, ils flottent comme une sorte de radeau. La larve, excessivement petite, qui sort de l'œuf, s'enferme dans un cocon en forme de nacelle qui flotte comme les œufs, et d'où sort un Cousin pourvu de ses deux ailes. Comme, pour se reproduire, les Cousins ont besoin d'un certain temps pendant lequel ils ne sauraient vivre sans manger, la nature leur a donné un aiguillon dont ils se servent fort habilement pour pratiquer des piqûres dont ils sucent le sang pour s'en nourrir. Ces piqûres sont suivies d'une enflûre passagère plus incommode que douloureuse; mais quand, dans une promenade du soir ou du matin, on reçoit à la fois des centaines de piqûres semblables sur les mains et le visage, on en est sérieusement indisposé. Un peu d'eau fraîche avec quelques gouttes de vinaigre, fait immédiatement cesser la douleur et l'enflure de la piqûre du Cousin.

Une proche parente du Cousin, la *Tipule*, lui ressemble à tel point qu'on la prend généralement pour un Cousin d'une très grosse espèce ; c'est une erreur dans ce sens que la Tipule n'a pas d'aiguillon et, par conséquent, ne pique pas. Sa vie, comme Insecte parfait, est très courte ; elle n'a pas besoin d'aliments. Ses œufs déposés par elle en terre au moyen d'un organe particulier nommé *oviduite*, donnent naissance à des vers ou larves qui vivent aux dépens des céréales, spécialement de l'avoine, en rongeant leurs racines, ce qui cause aux récoltes un préjudice souvent très considérable.

Que peut faire l'homme pour la destruction des Cousins, des Tipules et des autres Culicidés nuisibles ? Rien, assurément. Heureusement, les œufs des Cousins sont en majeure partie la proie des poissons ; les larves des Tipules sont dévorées par les insectes carnassiers ; les insectes à l'état parfait sont la nourriture de l'hirondelle et des autres oiseaux insectivores, qu'il faut se garder de détruire : tant leur secours nous est indispensable pour un genre de chasse auquel nous ne pouvons nous livrer.

Muscidés. — Les *Muscidés*, dont le type est la Mouche commune, surnommée à très juste titre *mouche importune* (*Musca importuna*) n'ont pas d'aiguillon comme le cousin : c'est donc à tort qu'on dit vulgairement : Quelle Mouche te pique? La Mouche ne pique pas et ne peut pas piquer ; elle ne mord pas non plus, n'ayant pas d'organe semblable à une bouche, qui puisse lui donner la faculté de mordre. Mais la vie de la Mouche et des autres Muscidés à l'état parfait étant assez longue pour que ces Insectes éprouvent le besoin de se nourrir, la nature y a pourvu en leur accordant une sorte de trompe, ou pour mieux dire, de pompe, qui leur permet d'absorber les liquides à leur convenance. On sait que la Mouche commune manifeste un goût très prononcé pour tous les liquides sucrés ; le lait est également de son goût ; au besoin, elle se contente de la transpiration de l'homme; pour s'approprier ce liquide, pendant les fortes chaleurs, surtout à l'approche des orages, qui surexcitent sa soif, la mouche commune nous fait éprouver sur la peau des mains et du visage la sensation d'une piqûre, bien qu'elle ne fasse que sucer la peau, sans l'entamer.

Le contact de la pompe de la Mouche avec la peau humaine n'est pas toujours inoffensif. Cet Insecte, comme la plupart des muscidés, recherche, pour y déposer ses œufs, les matières animales en putréfaction, parce que ces matières sont l'aliment qui convient le mieux pour l'alimentation de ses larves, bien connues des pêcheurs à la ligne sous leur nom vulgaire *d'asticots*. Lorsqu'une Mouche, après s'être arrêtée pour pondre sur une charogne, vient pomper la transpiration sur la peau des mains ou du visage, bien qu'elle n'entame pas la peau au point de provoquer l'émission du sang, elle l'amincit assez pour inoculer à l'homme la terrible maladie du *charbon*, maladie trop souvent mortelle. C'est pourquoi ceux qui perdent des animaux domestiques et qui n'ont pas soin de les faire immédiatement enterrer à la profondeur réglementaire, de 1 mètre 50, commettent une faute grave; car ils peuvent avoir à se reprocher des morts par imprudence, en fournissant aux Mouches l'occasion de propager la redoutable affection du charbon.

Lépidoptères. — Les Insectes de l'ordre des Lépidoptères sont sans contredit les mieux parés de tous les Insectes; l'ampleur et le brillant coloris de leurs ailes les ont fait à juste titre comparer à des fleurs. Aucun Lépidoptère ne nait à l'état d'Insecte parfait; personne n'ignore que les Lépidoptères, connus sous le nom vulgaire de Papillons, sont complétement inoffensifs; ils ne vivent d'ailleurs qu'un temps très court sous leur forme définitive; le plus grand nombre ne prend aucune nourriture; quelques-uns seulement sont pourvus d'un suçoir analogue à celui des Muscides, mais beaucoup plus long, qui leur permet d'aller pomper un peu de subtance sucrée dans l'intérieur de la corolle des plus belles fleurs. Mais tous les Papillons ont commencé par être des chenilles, et les dégats causés par certaines chenilles, sont quelquefois énormes; la destruction des céréales par la Teigne et l'Alucite, celle du raisin par la Pyrale, en France seulement, représentent beaucoup de millions. Les femelles des Papillons les plus communs, tels que la Piéride du chou et le Bombyx du chêne, pondent en moyenne 3,000 œufs, et elles produisent par an deux générations. Si toute cette postérité venait à bien, toute végétation disparaîtrait dans nos jardins, nos vergers et nos forêts; c'est ce qui n'a jamais lieu. Les oiseaux insectivores, les maladies, les Insectes parasites, font une telle destruction de chenilles, que certaines espèces de Lépidoptères semblent disparaître complétement durant des intervalles de plusieurs années, et sont toujours rares malgré le chiffre élevé du nombre des œufs de leurs femelles.

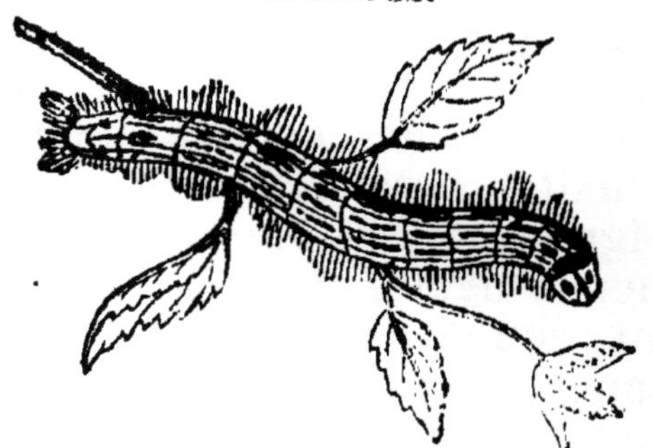

Chenille du Bombyx-Livrée.

Les diverses phases de la transformation des Insectes Lépidoptères offrent à l'observateur un vif intérêt. Il voit d'abord sortir de l'œuf une très petite chenille, laquelle est revêtue de plusieurs peaux l'une sur l'autre. Ce sont autant de vêtements qui se fendent et tombent à mesure qu'ils deviennent trop étroits. Après son dernier changement de peau, la chenille subit une métamorphose complète; à l'aide de ses pattes de devant, elle tire de sa propre substance, comme l'Araignée, un fil solide, quoique d'une extrême ténuité, avec lequel elle se fabrique un cocon au centre duquel elle s'établit. Ce travail étant accompli, la peau de la chenille devient lisse et coriace en changeant de forme : c'est ce que les naturalistes nomment une *chrysalide*. A l'intérieur de la chrysalide, l'Insecte subit une série de métamorphoses semblables à celles du poulet dans l'œuf durant l'incubation ; il est alors à l'état de *nymphe* ou de *momie*. Il se développe successivement une tête, des pattes, un corselet, un abdomen, et finalement deux paires d'ailes diversement colorées. Dès qu'elle est parvenue à cet état, la nymphe sort de sa chrysalide, perce son cocon et prend sa volée. Les phénomènes qu'on vient de rappeler sont ceux qui accompagnent les métamorphoses de la chenille du *Bombyx du mûrier*, plus connu sous son nom vulgaire de *Ver à soie*, terme consacré par l'usage, bien que ce soit bien une chenille, et non pas un Ver dans le vrai sens de ce terme. Beaucoup de chenilles ne filent pas de cocons comme celle du Bombyx du mûrier ; mais toutes s'enferment dans une chrysalyde dont elles sortent à l'état de Papillon.

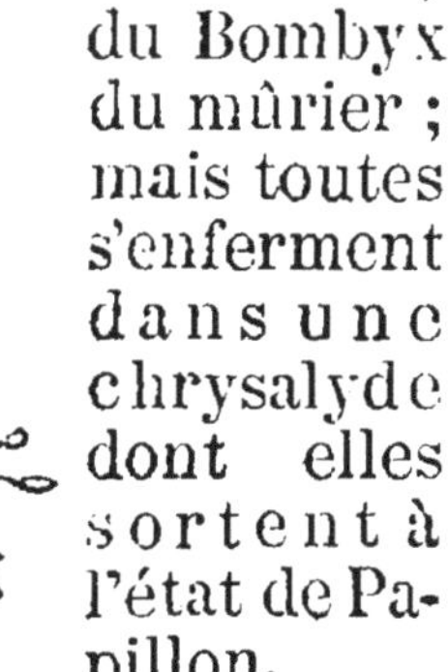

Papillon Piéride du chou.

Hyménoptères. — Les Insectes de l'ordre des *Hyménoptères* ont, pour caractère distinctif, deux paires d'ailes dont les inférieures un peu moins développées que les supérieures, sont en partie soudées à celles-ci par leur bord. Le groupe le plus digne d'intérêt des Hyménoptères, est désigné par les naturalistes sous le nom d'*Hyménoptères sociaux*. Les Insectes les plus remarquables de ce groupe, sont : *l'Abeille*, *la Guêpe* et *la Fourmi*. Ces trois genres d'Insectes vivent en sociétés régulières, au sein desquelles chaque individu a sa place assignée, son rang et ses attributions, ce qui dénote un instinct très développé. Chez tous les Hyménoptères sociaux, les larves privées de la faculté de se mouvoir et de sortir du domicile commun, sont nourries par la partie active de la population de la colonie. Un autre signe de la supériorité de ces Insectes sur ceux des ordres précédemment décrits, c'est la durée de leur existence. Tandis que la vie des Lépidoptères dure à peine un jour ou deux, celle des Hyménoptères sociaux dure des mois et quelquefois des années.

Les colonies d'Abeilles, de même que celles de Guêpes et de Fourmis, sont composées de trois genres bien distincts d'individus, les femelles, les mâles et les *neutres*, aussi désignés sous le nom d'*ouvrières*, parce qu'ils font seuls la besogne de l'approvisionnement et celle de l'élevage des larves.

Abeilles. — L'Abeille est le mieux connu des Insectes Hyménoptères sociaux, parc que, dès la plus haute antiquité, elle a été élevée par l'homme dans un état de demi-domesticité, à cause de la valeur de son miel et de sa cire. Il reste néanmoins encore bien des faits de détail mal étudiés et imparfaitement connus dans l'histoire naturelle des Abeilles. Ce n'est que de nos jours que les naturalistes ont pu se rendre compte de l'existence des ouvrières ou neutres ; ce sont toutes des femelles qui, en raison de la forme étroite des cellules où sont élevées leurs larves, n'arrivent pas à leur développement complet, et restent privées de la faculté de se reproduire. Il est impossible de savoir si l'Abeille agit en vertu d'un instinct non raisonné, ou si elle prévoit le résultat de son travail. Ce qui est certain, c'est que les ouvrières, en construisant les *alvéoles* ou cellules dans lesquelles les larves doivent naître des œufs pondus par la femelle, ont soin de bâtir un certain nombre de loges plus spacieuses que les autres où quelques larves, auxquelles elles distribuent une nourriture particulière, deviennent des femelles aptes à la reproduction. On donne vulgairement à la femelle le nom de *reine ;* celui de *mère* semble mieux lui convenir. Il ne paraît pas, en effet, que l'Abeille mère gouverne sa colonie; chacun y connaît sa besogne et l'exécute sans être commandé. Le soin que les Abeilles ouvrières prennent de leur mère, semble tenir au besoin qu'elles ont de ses œufs pour renouveler la population de la colonie.

La plupart des naturalistes affirment que les Abeilles mâles, nommés *Faux-bourdons*, sont tués par les ouvrières dès qu'ils ont rempli leurs fonctions de reproducteurs. J'ai beaucoup observé les Abeilles et n'ai jamais vu rien de semblable. C'est une loi générale parmi tous les Insectes que les mâles meurent de mort naturelle dès qu'ils ont assuré l'avenir de leur race ; les Abeilles mâles ne font pas exception. Une ruche de 18 à 20,000 Abeilles contient de 800 à 900 mâles, qui viennent, tous en même temps, le terme de leur existence étant arrivé, mourir aux environs de la demeure commune. Les ouvrières emportent au loin leurs cadavres qui deviendraient pour la colonie une cause d'insalubrité.

Tous les ans, les abeilles nées des larves élevées par les ouvrières se réunissent en *essaim* et vont, sous la conduite d'une Abeille-mère, fonder ailleurs une colonie nouvelle. C'est toujours la mère la plus jeune qui reste dans la ruche et la plus ancienne qui part avec le jeune essaim.

On ne connaît pas exactement la durée de l'existence de l'Abeille-mère et des ouvrières ; les mâles ne vivent et ne peuvent vivre qu'une saison.

On sait que les Abeilles fabriquent, pour le compte de l'homme, le miel et la cire ; elles lui rendent encore un autre genre de services moins généralement connus. En allant d'une fleur dans une autre, récolter les matières premières de leur industrie, elles transportent le pollen des étamines sur le stigmate des pistils des fleurs des arbres fruitiers, et contribuent ainsi, sans le vouloir, mais très efficacement, à la formation des fruits. L'art d'élever, de soigner et de faire multiplier les Abeilles, constitue une branche de l'économie rurale très perfectionnée de nos jours sous le nom d'apiculture.

Abeille-Mère.

Guêpe. — Les colonies de Guêpes, bien connues sous le nom de *guêpiers*, diffèrent des colonies d'Abeilles en un point capital : elles sont annuelles. Les mâles et les ouvrières meurent à la fin de l'automne ; la femelle fécondée, contenant des milliers d'œufs qu'elle doit pondre au printemps de l'année suivante, reste seule ; c'est une veuve sans enfants. Elle se blottit pour hiverner dans un creux de rocher, une crevasse d'un vieux mur ou une fente d'écorce d'arbre, toujours à l'exposition du midi, où elle passe l'hiver dans un état d'engourdissement pendant lequel elle n'a pas besoin de manger. Au printemps, elle s'éveille et se met à l'ouvrage : elle accomplit seule une besogne qui semble prodigieuse ; elle construit son guêpier avec une sorte de carton végétal, très artistement préparé ; il lui faut ensuite pondre ses œufs et élever ses larves, desquelles naîtront des Guêpes mâles, des neutres et quelques femelles. C'est seulement quand elle se voit entourée d'une nombreuse famille qu'elle peut songer à prendre un peu de repos.

La Guêpe recherche pour s'en nourrir les fruits mûrs, spécialement les abricots, les pêches et le raisin. La piqûre de la Guêpe est très douloureuse ; on appaise l'enflure avec des compresses d'eau, à laquelle on ajoute quelques gouttes d'ammoniaque liquide.

Fourmi. — La fourmilière contient, comme la ruche et le guêpier, des mâles, des neutres et des femelles. Comme celles-ci, prises individuellement, ne pondent qu'un nombre d'œufs assez limité, elles sont nombreuses par rapport aux ouvrières. Les mâles et les femelles sont ailés ; leurs ailes leur servent à s'élever en longues colonnes dans l'air calme à l'entrée des bois ; c'est pendant leur vol qu'a lieu la fécondation. Les mâles meurent naturellement aussitôt après ; les femelles redescendent à terre et s'empressent de rentrer au domicile commun ; les ouvrières les attendent à la porte pour leur arracher leurs ailes, ce qui ne paraît pas les incommoder. Une fois rentrées, elles commencent leur ponte, après quoi elles meurent probablement de leur mort naturelle ; car, n'ayant plus d'ailes, elles ne sauraient ni être fécondées, ni pondre une seconde fois.

Le trait le plus remarquable de l'instinct des Fourmis, c'est l'éducation donnée par les anciennes aux jeunes ouvrières. Celles-ci, au moment de leur naissance, sont plus petites que les vieilles et d'une couleur moins foncée. Si l'on observe les allures des Fourmis à cette époque, on voit chaque ouvrière ancienne, accompagnée d'une jeune qui la suit pas à pas, et qui fait évidemment sous sa conduite l'apprentissage de son métier.

Névroptères. — Les *Névroptères* diffèrent essentiellement des Hyménoptères par la conformation de leurs ailes. Tandis que celles des Hyménoptères sont réunies par leurs bords, de sorte que leurs deux paires d'ailes semblent n'en former qu'une seule paire, les ailes des Névroptères sont entièrement distinctes et consolidées par de solides nervures, origine de leur nom. Le genre de cet ordre le plus répandu en France et en Europe est le genre *Libellule*, riche en espèces qui toutes se ressemblent par la vigueur des ailes, la grosseur de la tête et la longueur du corselet et de l'abdomen. Le vol de la grosse Libellule est rapide et soutenu ; elle saisit en volant les petits Insectes ailés dont elle fait sa proie. Les petites Libellules vertes, bleues et rouges, qu'on trouve en grand nombre partout où il y a de l'eau, sont de très jolis Insectes, qui ressemblent à des fils de soie de couleur emportés par le vent. Tout le monde les connaît sous leur nom vulgaire de *Demoiselles* ou de *Zéphirs.*

L'Insecte Névroptère d'Europe qui manifeste le plus d'instinct est le *Fourmi-Lion*, qui ressemble beaucoup en petit à la Libellule lorsqu'il est parvenu à l'état d'Insecte parfait. Pour ceux qui ne connaissent pas la larve du Fourmi-Lion et qui ne savent pas qu'elle doit subir une dernière transformation et prendre des ailes, cette larve a toutes les apparences d'un Insecte complet. Elle creuse dans le sable un trou en entonnoir très évasé, au fond duquel elle s'enterre elle-même, en ne laissant dehors que sa tête. Si quelque malheureuse Fourmi vient à passer imprudemment trop près du bord de l'entonnoir du Fourmilion, elle roule au fond et devient la proie de la larve, qui la suce comme l'Araignée suce la Mouche prise dans sa toile ; elle transporte au loin les restes de sa victime, répare avec soin son entonnoir et se remet à son poste, attendant une nouvelle proie. Tout ce travail exige beaucoup de combinaisons et de persévérance, preuve d'un instinct très développé.

L'ordre des Névroptères renferme, comme celui des Hyménoptères, des Insectes doués de l'instinct de sociabilité. Le plus remarquable de ces Insectes est la *Termite*, souvent désignée sous le nom de *Fourmi blanche*, bien que ce ne soit pas une Fourmi, parce que les colonies de Termites ont les mœurs et l'organisation de celles des Fourmis. En Afrique, les Termites construisent des huttes de plus d'un mètre de haut, d'une grande solidité, pour leur servir d'habitation commune. Dans l'Asie orientale, surtout dans la presqu'île de Malaca, les Termites sont en si grand nombre qu'elles détruisent entièrement de vastes plantations de canne à sucre. Quand elles attaquent la charpente d'un édifice, elles finissent par la faire tomber en poussière.

Hémiptéres. — Les Insectes de l'ordre des *Hémiptères*, dont le nom signifie *à demi ailés*, justifient ce nom par cette particularité bizarre que, dans un grand nombre de genres et d'espèces, le mâle seul est ailé et la femelle manque d'ailes. Bien que les naturalistes placent ces Insectes à la suite des Hyménoptères et des Névroptères sociaux, les plus avancés de tous au point de vue de l'instinct, les Hémiptères sont, sous ce rapport. au nombre des moins bien partagés. Les plus répandus des Hémiptères sont, en France, le *Puceron* et la *Punaise*, et, en Amérique, la *Cochenille*. Rien de moins prononcé que l'instinct de ces Insectes, parmi lesquels, le *Puceron vert* commun exerce de grands ravages dans les récoltes de colza, et le *Puceron lanigère* dévaste les vergers de pommiers à cidre de nos départements de l'Ouest. On connaît la prodigieuse rapidité de multiplication du Puceron lanigère, qui vit et meurt à la place où il est né. Dans cette espèce, le mâle et la femelle paraissent être également dépourvus d'ailes et se déplacent excessivement peu.

La *Cochenille*, qui fournit à l'industrie ainsi qu'à la peinture artistique le rouge admirable connu sous le nom de *carmin*, est une véritable Punaise. Quand les Espagnols ont conquis le Mexique, ils ont appris des naturels du pays la culture du *Nopal* (*Cactus opuntia*). plante grasse du Nouveau Monde, la manière de faire multiplier la Cochenille sur cette plante et son emploi comme matière colorante. Il est honteux pour les naturalistes qu'on en soit encore à ne pas connaître avec certitude le mâle de la cochenille; tous les Insectes récoltés pour être livrés au commerce sont des femelles; il y a lieu de présumer que les mâles sont ailés et très peu nombreux par rapport aux femelles. Dès que celles-ci sont nées, elles s'attachent à la surface du Nopal et le sucent pour se nourrir. Devenues adultes et fécondées, sans qu'on sache positivement par qui et à quelle époque, elles pondent des œufs qui éclosent sous la mère ; celle-ci meurt dès qu'elle a pondu. Le premier aliment des petits, c'est le corps de leur mère. Les petits, aussitôt après leur naissance, se dispersent sur le Nopal et parcourent comme leur mère les phases d'une existence qui n'exige l'usage d'aucune espèce d'instinct.

La Punaise d'Europe en montre un peu plus ; on sait qu'elle est un des Insectes les plus incommodes non-seulement par ses morsures, mais aussi et plus encore par sa mauvaise odeur. Les soins de propreté et les poudres insecticides ont facilement raison des punaises.

Orthoptères.— Les Insectes de l'ordre des Orthoptères n'ont, pour ainsi dire, aucun caractère commun avec les *Hémiptères;* ce sont des Insectes actifs, industrieux, très voraces pour la plupart, autant ceux qui se nourrissent de végétaux que ceux qui ne vivent que de substances animales et qui chassent pour vivre. Les ailes des Orthoptères sont généralement trop faibles pour leur permettre de voler ; elles sont repliées et en partie recouvertes par deux étuis de substance cornée, que les naturalistes nomment *élytres.* Tous les Orthoptères ont les pattes de derrière plus longues que celles de devant, ce qui les rend mieux conformées pour le saut que pour la marche. Leurs ailes, impropres au vol, ne leur sont cependant pas inutiles, elles leur permettent de faire des bonds d'une ampleur prodigieuse par rapport à leur taille; c'est leur manière habituelle de se déplacer.

Courtilière. — Trois insectes de l'ordre des Orthoptères, la *Courtilière*, la *Sauterelle* et le *Grillon*, méritent une mention spéciale.

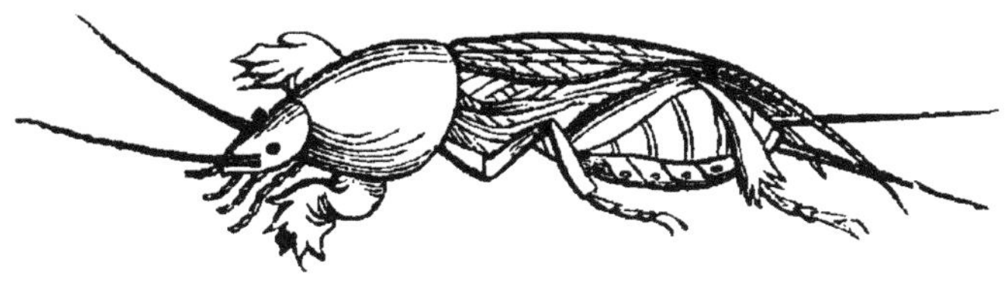

Courtilière.

La *Courtilière* aussi nommée *Taupe-Grillon*, s'écarte beaucoup par sa forme de celle des autres Insectes du même ordre ; la tête, le corselet et les pattes de devant lui donnent une ressemblance éloignée avec l'écrevisse. Elle fouille le sol, grâce à ses pattes antérieures robustes et armées de crochets ; elle y creuse des galeries disposées comme celle de la taupe, elle y pond ses œufs et y soigne ses petits jusqu'à ce qu'ils puissent eux-mêmes chasser pour se nourrir. C'est par une fiction gratuite et pour ne pas déroger à leur nomenclature, que les naturalistes donnent aux jeunes Insectes Hémiptères le nom de larves ; en réalité ce ne sont pas des larves dans le vrai sens de ce terme, puisqu'elles ne subissent pas de transformations. La jeune Courtilière en naissant est, sauf la taille, tout ce qu'elle doit être plus tard. Bien qu'elle ne mange pas de substances végétales, la Courtilière fait beaucoup de tort au jardinier; elle coupe entre deux terres les racines de toutes les plantes qu'elle rencontre sur son passage, en poussant droit devant elle ses galeries pour chasser les Insectes souterrains et leurs larves.

Sauterelle. — Le nom de la *Sauterelle* indique suffisamment que c'est de tous les Insectes Hémiptères celui qui saute le mieux. Elle ne se nourrit pas de proie comme la Courtilière; elle ne mange que des végétaux, mais elle en mange énormément. Dans la Hongrie et la Russie méridionale, les nuées de Sauterelles qui s'abattent sur les champs cultivés n'y laissent pas trace de végétation. Cependant, contre l'opinion commune, la grande sauterelle voyageuse que les naturalistes nomment *Acridie*, ne vole pas, dans le vrai sens de cette expression. Les steppes incultes de l'orient de l'Europe sont fréquemment couvertes de Sauterelles dont aucun chiffre ne saurait exprimer le nombre. S'il survient en ce moment des vents violents, les Sauterelles, enlevées toutes ensemble, déploient leurs ailes instinctivement pour se soutenir; elles font seulement l'office de parachute. Ainsi se forment les nuées de Sauterelles, sans chefs, sans direction, allant où le vent les mène. Là où le vent qui les emportait vient à cesser, elles tombent et dévorent toute substance végétale qui se trouve à leur portée. Quand il n'y a plus rien à manger, elles meurent de faim, et leurs cadavres corrompus empoisonnent l'atmosphère.

La petite Sauterelle nommée *Criquet*, très commune dans toute l'Europe, n'y devient jamais assez nombreuse pour commettre des dégâts comparables à ceux de l'Acridie ou grande Sauterelle ; il n'y a pas, dans les pays de l'Europe où le Criquet est répandu, assez de terrains incultes pour que cet Insecte y puisse multiplier avec excès.

Grillon. — Le *Grillon* ne vit pas de végétaux comme les Sauterelles ; il recherche pour s'en nourrir les Insectes et leurs larves dont il débarrasse les lieux habités ; car il ne craint nullement le voisinage de l'homme. Souvent le Grillon, qui aime la chaleur, établit son domicile souterrain sous la pierre du foyer. Dans les campagnes, le Grillon est considéré comme un insecte dont la présence porte bonheur ; c'est un préjugé, sans doute ; mais il a un bon résultat, celui de faire épargner cet insecte réellement utile, puisqu'il détruit une prodigieuse quantité d'Insectes nuisibles, leurs œufs et leurs larves.

On donne improprement le nom de chant ou de cri au bruit que fait le Grillon ; ce bruit provient chez le Grillon, comme chez les autres Insectes Orthoptères, du frottement des élytres contre les ailes. Ce n'est ni un cri, ni un chant, puisque les Orthoptères n'ont pas d'organes pour crier ou chanter, c'est un bruissement d'appel qui supplée chez eux à l'absence du gosier et du poumon, faute desquels tout son analogue au chant ou au cri est matériellement impossible.

Coléoptères. — Les Insectes de l'ordre des *Coléoptères* ont tous un caractère commun ; leurs ailes sont complétement recouvertes par deux plaques cornées ; c'est l'origine de leur nom qui signifie mot à mot : *Ailes renfermées dans un étui*. L'étui des Coléoptères est, comme celui des Orthoptères, composé de deux élytres, avec cette différence que les élytres des Orthoptères ne recouvrent leurs ailes qu'en partie et que les élytres des Coléoptères recouvrent leurs ailes en entier.

Les Coléoptères sont tour à tour comme les Lépidoptères, larve, nymphe ou momie, puis Insecte parfait, après une période de léthargie et d'immobilité, semblable à celle que traverse le Papillon avant de sortir de sa chrysalide; aucun phénomène de ce genre ne se manifeste ni dans l'existence des Hémiptères, ni dans celle des Orthoptères. L'ordre des Coléoptères est le plus riche de tous en genres et espèces distribués sur toute la surface de la terre.

Les naturalistes ont décrit et classé au delà de 20,000 espèces de Coléoptères, et ils ne connaissent pas tout.

Parmi les plus beaux Coléoptères communs en France, les plus remarquables par la taille et la vivacité des couleurs sont le *Capricorne*, pourvu de longues antennes recourbées, le *Lucane* ou *Cerf-volant*, et le *Carabe doré*, plus connu sous son nom vulgaire de Jardinière. Les élytres du Carabe doré sont d'une nuance métallique tantôt verte, tantôt bronzée, avec de longues lignes d'or. Les jardiniers respectent le Carabe doré et le laissent multiplier en pleine liberté, sachant que d'une part il n'attaque aucun des produits du jardinage, et que de l'autre il passe sa vie à rechercher pour s'en nourrir une foule d'Insectes nuisibles, spécialement la petite Fourmi noire, dont il entrave sensiblement la déplorable multiplication.

L'un des Insectes Coléoptères les plus répandus, le *Hanneton*, que les naturalistes nomment *Mélalontha*, serait fort admiré comme l'un des plus beaux Insectes de cet ordre, s'il n'était en même temps l'un des plus nuisibles en raison de sa voracité. Le *ver blanc* ou larve du Hanneton, sorti d'un œuf déposé en terre par la femelle, emploie trois ans au moins, quelquefois quatre ans, à subir ses transformations et à devenir Insecte parfait; c'est pourquoi les Hannetons ne se montrent en grand nombre que tous les trois ou tous les quatre ans. Pendant toute la durée de sa vie à l'état de larve, il se nourrit en rongeant les racines d'une multitude de végétaux. Dans les jardins, il attaque de préférence les racines de la Laitue, celles du Fraisier et celles des jeunes arbres fruitiers dont il cause la mort. Devenu Hanneton parfait, le ver blanc, sous sa forme définitive, mange de plus belle, pendant un temps assez long, parce que la fécondation et la ponte des œufs n'ont lieu que successivement, de sorte que ni le mâle ni la femelle ne meurent avant d'avoir accompli leur tâche de reproducteurs. La chasse et la destruction du Hanneton doivent se faire le matin de bonne heure, aussitôt après le lever du soleil. Tant que la rosée n'est pas dissipée, le hanneton reste dans un état d'engourdissement, accroché à l'envers des feuilles des arbres; en secouant les branches, on le fait tomber, et il lui est impossible de s'envoler.

Ver blanc, larve du hanneton.

C'est à l'ordre des Coléoptères qu'appartient le singulier Insecte nommé *Mélampyre*, plus connu sous les noms vulgaires de *Luciole* et de *Ver luisant*, bien que ce ne soit pas un ver. La phosphorescence de cet Insecte le fait aisément remarquer parmi le gazon pendant les nuits d'été; il est commun dans toute l'Europe centrale.

L'un des groupes les plus nombreux des coléoptères est celui des *Curculionidés*, ayant pour type le *Charançon* (*Curculio*). On sait que la larve du Charancon dévore la substance intérieure des graines de froment dans lesquelles elle se loge pour subir ses transformations.

Charançon.

POISSONS

CHAPITRE VI

Poissons. — L'organisation des Poissons diffère essentiellement de celle des insectes ; la raison en est évidente : ils sont destinés à vivre dans un milieu d'une autre nature que l'air ; l'élasticité de leurs organes est telle que beaucoup d'entre eux passent alternativement une partie de l'année dans l'eau douce, l'autre dans l'eau salée, sans que leur santé paraisse en souffrir. Les sens des Poissons semblent fort émoussés, excepté celui de l'odorat, et probablement celui de l'ouïe; la vue est faible et peu distincte; les yeux des Poissons ne sont pas mobiles ; ils ne peuvent voir que les objets peu éloignés. Les écailles dont la plupart des Poissons ont la peau recouverte rendent le toucher très peu sensible; quant au sens du goût, on peut croire qu'il existe à peine ; les Poissons, même ceux qui vivent de proie, ne mâchent pas leurs aliments; ils les avalent entiers. Le Brochet, dans l'eau douce, le Requin dans l'eau salée, ont les mâchoires armées de dents formidables. Mais ce ne sont pas de véritables dents ; elles ne peuvent leur servir ni à broyer ni à déchirer leur proie; ce sont de simples crochets, qui leur servent à la saisir et à l'empêcher de glisser.

Les Poissons commencent la série des animaux *vertébrés;* c'est-à-dire pourvus depuis la tête jusqu'à l'autre extrémité du corps d'une série d'os emboîtés les uns dans les autres et nommés *vertèbres*. Chez le plus grand nombre des Poissons, les vertèbres sont de simples *arêtes* dépourvues de solidité; mais ces os n'en sont pas moins, comme chez les Mammifères et chez l'homme lui-même, la base de la charpente, le principal point d'appui de tout l'organisme.

L'instinct des Poissons est plus difficile à étudier que celui des insectes, à cause du milieu dans lequel vivent les Poissons; les observations des naturalistes à ce sujet sont forcément très incomplètes. Le trait d'instinct le plus prononcé et le plus général chez les Poissons, c'est l'instinct des voyages; un nombre prodigieux de Poissons, les uns de mer, les autres d'eau douce, passent leur vie à voyager. Dans nos fleuves et leurs affluents, de très gros Poissons, tels que le Saumon et l'Alose, remontent le courant pendant une partie de l'année, et le redescendent le reste du temps; dans l'Océan, les Harengs, les Maquereaux, les Morues, effectuent tous les ans de longs voyages; les pêcheurs ont reconnu que, depuis l'invention de la navigation à vapeur, les *bancs* de Harengs avaient modifié leur précédent itinéraire, pour se détourner des parages les plus fréquentés par les navires à vapeur. Pourquoi voyagent-ils? Pour obéir au premier besoin de tous les êtres doués de la vie, pour assurer la perpétuité de leur race. Les femelles vont en avant, à la recherche des places les plus favorables pour la ponte et l'éclosion des œufs; les mâles vont à leur suite pour féconder les œufs. On sait que, dans l'eau douce comme dans l'eau salée, les gros Poissons mangent les petits; il importe donc que les œufs des Poissons voyageurs éclosent dans des parages où les gros Poissons ne puissent les atteindre, afin que les jeunes Poissons échappent à leur voracité jusqu'à ce qu'ils soient assez robustes pour fuir ou se défendre. L'instinct de la maternité, si prononcé chez certains insectes, spécialement chez les Hyménoptères sociaux, ne peut exister chez les femelles qui, comme celle du hareng, pondant en moyenne tous les ans 32,000 œufs, ne sauraient s'occuper de l'élevage d'une si nombreuse postérité.

Cependant, plusieurs Poissons femelles prennent le soin d'aplanir avec leurs nageoires et leur queue, les places où elles déposent leurs œufs; elles établissent des barrages de gravier pour que les œufs ne puissent être entraînés par le courant; elles semblent jusqu'à un certain point se préoccuper de l'avenir de leurs œufs. On ne connaît qu'une seule exception à l'indifférence des Poissons mâles et femelles les uns pour les autres et à l'égard de leurs petits. L'*Epinoche*, très petit Poisson d'eau douce, travaille en commun avec sa femelle à la construction d'un nid de mousse et de plantes aquatiques solidement amarré au fond de l'eau; tous deux surveillent l'éclosion des œufs pondus dans ce nid par la femelle ; tous deux dirigent la bande de jeunes Épinoches qui sortent de ces œufs, et semblent veiller sur leur famille avec une tendre sollicitude.

Tous les Poissons naissent d'un œuf ; l'Anguille seule est vivipare. Cette exception est plus apparente que réelle ; les œufs de l'Anguille éclosent dans son corps au lieu d'éclore comme ceux des autres Poissons, après avoir été pondus, ce qui fait que l'Anguille femelle, au lieu de pondre des œufs, donne naissance à des petits vivants.

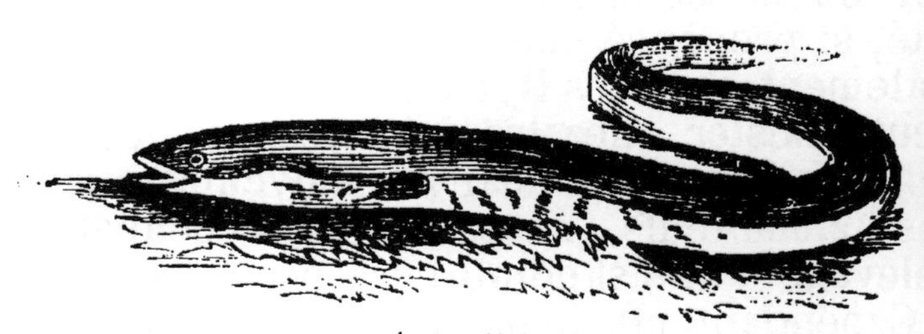

Anguille.

Les naturalistes rangent tous les Poissons connus dans deux grandes divisions : 1° les *Poissons cartilagineux* ; 2° les *Poissons osseux*.

Poissons cartilagineux. — Les Poissons *cartilagineux* sont classés en trois ordres : 1° les *Cyclostomes* ; 2° les *Sélaciens* ; 3° les *Sturoniens*.

Le caractère distinctif des *Cyclostomes* est la forme ronde de leur bouche ; le mot cyclostome signifie bouche en cercle ; c'est en effet la forme de la bouche, disposée moins pour manger que pour sucer ; aussi les Cyclostomes sont-ils également nommés *Suceurs*. Les Poissons de l'orde des Cyclostomes ne sont pas très nombreux ; deux seulement, la *Lamproie d'eau douce* et la *Lamproie de mer, ou grande Lamproie* servent à la nourriture de l'homme et sont au nombre des mets les plus recherchés.

Sélaciens. — Cet ordre contient les Poissons les plus bizarres et en même temps les plus hideux ; telle est en particulier *la Raie*, l'un des animaux les plus laids de toute la population des mers. Le symbole de la voracité, le *Requin*, appartient aussi à l'ordre des *Sélaciens*. Un autre Sélacien, la *Torpille*, espèce de Raie, est douée de la singulière propriété d'émettre assez d'électricité pour tuer par son contact de petits animaux. On pêche assez souvent des Torpilles sur les côtes françaises de la Manche ; leur pouvoir électrique cesse dès qu'elles sont mortes.

Sturoniens. — Les Poissons de cet ordre portent des plaques cartilagineuses sous leur peau dépourvue d'écailles. Le type de cet ordre est l'Esturgeon, Poisson dont la chair est très nourrissante, qui vit moitié dans la mer, moitié dans l'eau douce. L'Esturgeon remonte fréquemment dans l'Escaut et dans la Meuse, plus rarement dans la Seine. Ceux qui parviennent à un âge avancé, deviennent d'une taille monstrueuse ; mais alors, leur chair est si dure qu'elle est à peine mangeable. Les Esturgeons de taille moyenne, longs d'un à deux mètres, sont ceux dont la chair, peu différente de celle du veau, est le plus estimée des gastronomes.

Poissons osseux. — Si l'on compare le nombre des Poissons osseux à celui des Poissons cartilagineux, on trouve que les derniers sont des exceptions, et que presque tous les Poissons connus sont osseux. On divise les Poissons osseux en deux ordres : les *Malacoptérygiens* et les *Acanthoptérygiens.* Les caractères de ces deux ordres sont puisés dans la nature des nageoires, celles des Malacoptérygiens sont molles et flexibles ; celles des Poissons Acanthoptérygiens sont plus ou moins rigides et armées de piquants.

Malacoptérygiens. — Presque tous les Poissons d'eau douce dont l'homme se nourrit, entre autres, la Carpe, la Tanche, le Brochet, la Truite et le Goujon, sont Malacoptérygiens. Le même ordre renferme les Poissons de mer les plus recherchés, le *Hareng*, la *Sardine*, l'*Anchois*, le *Merlan*, la *Morue*, le *Turbot*, et une foule d'autres qui abondent dans les mers Françaises.

Le *Saumon* et l'*Alose*, Poissons moitié de mer, moitié d'eau douce, appartiennent au même ordre. Le Saumon, la Truite et le Turbot, sont multipliés artificiellement par les procédés ingénieux de la *pisciculture*, art tout moderne, qui n'a pas encore dit son dernier mot.

Acanthoptérygiens. — Cet ordre est beaucoup moins riche que le précédent en genres et en espèces ; il fournit à l'homme trois des Poissons les plus estimés comme aliment. Ce sont, parmi les Poissons d'eau douce, la *Perche*, qui vit de proie, comme le Brochet ; et, parmi les Poissons de mer, le *Thon* et le *Maquereau*.

Perche.

Ces deux derniers Poissons, très différents l'un de l'autre par la taille, sont très proches parents : ils se ressemblent par la forme et aussi par la saveur délicate de leur chair.

LES REPTILES

CHAPITRE VII

Les Reptiles. — Le nom de ces animaux signifie *rampants;* néanmoins, tous ne rampent pas, les uns sautent, les autres marchent avec agilité à l'aide de quatre pattes, à la manière des quadrupèdes.

Les Reptiles sont classés dans quatre ordres : 1° les *Batraciens;* 2° les *Ophidiens;* 3° les *Sauriens;* 4° les *Chéloniens.* Cette division présente assez exactement les Reptiles dans leur ordre naturel, selon le plus ou moins de perfection de leur organisation.

Batraciens.—Les *Batraciens*, dont le type est la Grenouille, offrent au naturaliste plusieurs particularités fort curieuses. Tous sont ovipares, comme les poissons. Mais, comme on a eu l'occasion de le faire observer précédemment, le jeune poisson, en sortant de l'œuf, est tout ce qu'il sera plus tard, moins la taille ; il n'en est pas de même du Batracien. Ce qui sort de l'œuf d'une Grenouille, ce n'est pas une Grenouille, c'est un animal imparfait, que les naturalistes nomment *Têtard*, composé d'une boule terminée par une longue queue, pourvu de branchies respiratoires analogues à celles des poissons, n'offrant aucune ressemblance avec la Grenouille. Le Têtard n'est, en réalité, qu'une larve, qui doit subir une transformation avant de devenir Grenouille parfaite. Peu à peu, les organes intérieurs du Têtard se perfectionnent, ses poumons se forment; ses branchies, devenues inutiles, se détachent et tombent; la peau du Têtard se fend et le Batracien, Grenouille ou Crapaud, en sort avec une tête volumineuse, de gros yeux saillants, quatre membres distincts et quatre pattes articulées. Ce mode de développement ressemble plus à celui des insectes qu'à celui des poissons.

Plusieurs faits étrangers aux animaux précédemment examinés se produisent chez les Batraciens. On a vu que les Insectes, quoique quelques-uns d'entre eux produisent divers genres de bruissements, n'ont pas de voix, et ne peuvent ni chanter ni crier; les Poissons, par leur conformation, sont de même forcément muets. Les Batraciens, après avoir passé par l'état de Têtards, sont d'un degré plus avancés dans l'organisation; ils ont des poumons, un gosier, tout ce qu'il faut pour émettre des sons. Ils s'en servent pour faire entendre un cri monotone, mais très éclatant, nommé *coassement*.

La Grenouille et le Crapaud, appartenant à des genres différents, mais très rapprochés l'un de l'autre, subissent les mêmes transformations, possèdent

Grenouille.

les mêmes organes et vivent tous deux d'insectes, de vers de terre et de petits mollusques.

On compte aussi parmi les Batraciens deux animaux aquatiques, la *Salamandre* et le *Triton*, dont les formes rappellent celles du Lézard. Si l'on retranche une patte à ces singuliers animaux, elle se reforme comme les pattes des crustacés.

Ophidiens.—Les *Reptiles Ophidiens* sont plus connus sous leur nom vulgaire de *Serpents*. Deux poissons, la Lamproie et l'Anguille, ressemblent beaucoup à des serpents : ils en diffèrent essentiellement par la conformation de la bouche. Chez le Serpent, la bouche, selon les besoins de l'animal, peut prendre une ouverture démesurée, parce que la mâchoire supérieure n'est pas, comme chez les poissons, articulée avec la mâchoire inférieure ; les deux mâchoires sont indépendantes l'une de l'autre ; la peau qui les sépare est douée d'une grande élasticité, ce qui permet aux Ophidiens d'avaler des proies d'un volume qui semble hors de toute proportion avec la grosseur de leur tête. Il n'y a rien de semblable dans la conformation de la bouche d'aucun poisson, pas plus dans la bouche de l'Anguille que dans celle de la Lamproie. Ce caractère ne permet pas de confondre les Serpents avec ceux d'entre les poissons qui leur ressemblent le plus.

Plusieurs Serpents sont venimeux ; ceux qui le sont possèdent tous des crochets, ou dents creuses, munis à leur base d'une glande gonflée de venin. La morsure opérée par une de ces dents agit exactement comme la piqûre de la queue du Scorpion ; elle introduit dans la plaie un venin mortel. La proie saisie par le Serpent venimeux est ainsi comme foudroyée. La morsure des Serpents venimeux est souvent mortelle pour l'homme ; elle ne l'est presque jamais quand le blessé peut recevoir en temps utile les secours de l'art médical.

L'Asie, l'Afrique et l'Amérique sont infestées d'un grand nombre de serpents dangereux ; il n'y en a qu'un seul en France et en Europe, la *Vipère*, très commune dans les bois dont le sol est parsemé de roches de grès et de granit. Le mot Vipère est l'abrégé de *vivipare* ; les œufs de la Vipère, comme ceux de l'Anguille, éclosent dans son corps ; c'est l'origine du nom de ce Serpent ; les autres Ophidiens sont *ovipares*.

Vipère.

Les Serpents non venimeux sont dépourvus de crochets et n'en ont pas besoin ; ils vivent principalement d'insectes, de mollusques et de petits batraciens, trop faibles pour pouvoir tenter de leur échapper. Les Serpents inoffensifs des genres *Orvet* et *Couleuvre*, dont quelques-uns sont mangeables, sont communs dans toute l'Europe. La particularité la plus remarquable de l'histoire naturelle des Ophidiens, c'est le renouvellement annuel de leur peau qui se fend et tombe, après qu'une peau neuve s'est formée sous l'ancienne. Ce genre de rajeunissement est analogue au renouvellement annuel de la coque de certains crustacés.

L'Asie orientale, l'Afrique méridionale et l'Amérique du Sud nourrissent un certain nombre de Serpents énormes appartenant aux deux genres *Boa* et *Python*. Ni les Boas ni les Pythons ne sont armés de crochets creux, destinés à verser du venin dans leurs morsures. Ces animaux n'ont faim que tous les trois mois, et quand la nécessité l'exige, ils peuvent facilement supporter un jeûne de six mois. Quand la faim les prend, ils se mettent en chasse, et comme ils manquent totalement d'agilité, la proie convoitée leur échappe souvent. Leur procédé, pour s'en emparer, ne varie pas. Le Reptile s'enroule autour d'une grosse branche d'arbre; il s'y tient immobile, se dissimule de son mieux, et attend qu'une proie à sa convenance vienne à passer sous l'arbre qu'il a choisi ; souvent, elle se fait longtemps attendre. Dès qu'il voit un gibier à sa portée, le Serpent se laisse glisser sur lui, l'enlace de ses replis, et l'étouffe ; jamais il ne l'avale vivant.

Quand le gibier a cessé de vivre, le Serpent, en continuant à le presser dans ses anneaux, lui brise les os et le convertit en un long boudin, qu'il prend alors dans sa gueule par la tête et qu'il avale en l'inondant de salive, sans le mâcher. De même que les poissons, les Ophidiens paraissent ne pas avoir le sens du goût. Les gros Serpents mettent plusieurs mois à faire leur digestion. C'est pendant ce temps qu'on peut les rechercher et les détruire sans danger; le travail de la digestion les fait tomber dans un état d'engourdissement qui les rend incapables de résistance.

Sauriens. — Les Reptiles compris dans l'ordre des *Sauriens* ne forment qu'un nombre assez limité de genres et d'espèces; ils ressemblent aux Ophidiens par la forme de la tête et celle de la queue; mais ils en diffèrent essentiellement par les quatre membres et les quatre pattes dont ils sont pourvus. Les petites et les moyennes espèces de Sauriens, plus connus sous leur nom vulgaire de *Lézards*, sont terrestres; les grandes espèces sont amphibies, elles passent la plus grande partie de leur temps dans l'eau. Les grands Lézards nagent rapidement; mais à terre, leurs mouvements sont lents et lourds.

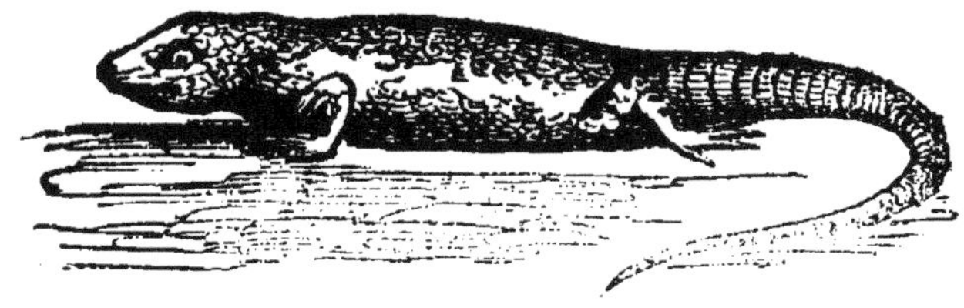

Lézard vert.

Il n'y a que deux espèces de Lézards très répandues en Europe : le Lézard vert et le petit Lézard gris des murailles. C'est ce dernier qui, en raison de son habitude de passer des heures entières immobile, couché nonchalamment au soleil, a fait adopter le Lézard comme symbole de la paresse. Tous les Lézards sont ovipares ; la femelle ne couve pas ses œufs et ne prend pas soin des petits. De tous les sens, celui de l'ouïe est le plus développé chez les Lézards ; ils aiment avec passion la musique et semblent s'y connaître ; car la bonne musique les attire et la mauvaise les met en fuite. Un air qui leur plaît, chanté par une voix juste ou joué avec talent sur un instrument mélodieux, fait surmonter aux Lézards d'Europe leur timidité naturelle, et les fait arriver autour de l'exécutant ; on les voit alors tourner la tête de côté pour présenter au son qui les charme, l'ouverture relativement très large de leur conduit auditif.

L'un des Sauriens les plus singuliers est le *Caméléon* qui, peu craintif de sa nature, fréquente volontiers les demeures de l'homme dans toute l'Afrique française. Ce Lézard, d'un gris terne, d'une laideur repoussante, reste assez souvent immobile pendant de longues heures ; il vit d'insectes et n'est jamais dominé par un appétit bien impérieux. L'imagination des anciens naturalistes grecs leur avait fait affirmer que le Caméléon change de couleur à volonté, ce qui l'a fait prendre, dans le langage figuré, pour le symbole de l'inconstance dans les opinions ; le fait est matériellement faux ; le Caméléon ne peut pas modifier sa couleur naturelle. La demi-transparence de sa peau lui donne seulement une nuance un peu plus pâle ou plus foncée, selon que son sang est plus calme ou plus agité ; c'est ainsi que l'homme peut pâlir ou rougir, selon les impressions du moment.

Quelques Lézards de taille moyenne des régions intertropicales ont une chair à la fois saine et agréable au goût ; tel est, ou pour mieux dire tel était, dans les colonies françaises des Antilles, l'*Iguane*, si recherchée des colons, que la race en est aujourd'hui à peu près éteinte.

Les grands fleuves des pays chauds des deux continents sont peuplés de grands Sauriens, tous dangereux pour l'homme. Les fleuves d'Afrique nourrissent des *Crocodiles* ; ceux d'Asie des *Gavials* ; ceux d'Amérique des *Caïmans*. Les imprudents nageurs sont fréquemment leurs victimes ; tous emploient, pour s'emparer de leur proie, le même procédé ; nageant entre deux eaux, ils la saisissent, l'entraînent au fond du fleuve et commencent invariablement par la noyer. Presque toujours ils ont la prévoyance d'amarrer avec des pierres les cadavres qu'ils se proposent de dévorer, afin qu'ils ne soient pas entraînés par le courant ; ils préfèrent la chair corrompue à la chair fraîche et savent attendre que celle qu'ils veulent manger soit à son point, ce qui suppose chez les grands Sauriens le sens du goût suffisamment prononcé. Les grands fleuves d'Europe sont heureusement exempts de ces hôtes désagréables.

Chéloniens. — Tout le monde connaît les Reptiles *Chéloniens* sous leur nom vulgaire de *Tortues*. Les Tortues se rapprochent des Sauciens et des Ophidiens par la forme de la tête, et des Lézards par leurs quatre pattes ; elles en diffèrent par la boîte cornée dans laquelle elles sont enfermées et où elles peuvent à volonté faire rentrer leur tête et leurs pattes. Le dessous de cette boîte se nomme *plastron :* le dessus se nomme *carapace.* Les plus grosses Tortues vivent dans la mer ; elles ne viennent à terre qu'une fois par an, pour opérer la ponte de leurs œufs ; elles les enterrent dans le sable, laissant au soleil le soin de les faire éclore. Les pattes des Tortues de mer font pour elles fonction de nageoires ; elles leur permettent d'exécuter de longs voyages à travers l'Océan. Les Tortues terrestres sont les unes petites, les autres de moyenne taille ; elles recherchent, dans les pays chauds, les contrées marécageuses, et, dans l'Amérique du Sud, le lit des grands fleuves. Quelques-unes des petites Tortues terrestres du midi de l'Europe sont mangeables ; plusieurs grandes Tortues de mer le sont également ; on en prépare un bouillon très recherché des riches gastronomes, parce qu'il coûte excessivement cher.

Une variété de Tortue de mer, le *Caret*, dont la chair n'est pas mangeable, fournit à l'industrie de la tabletterie *l'écaille de Tortue* dont on fabrique des peignes et divers objets d'ornement d'un prix élevé. La Tortue semble être celui des Reptiles qui manifeste le moins d'instinct. Celles qu'on élève dans une demi-domesticité peuvent y vivre très longtemps, on les nourrit de pain et de feuilles de salade.

OISEAUX

CHAPITRE VII

Oiseaux. — Une immense supériorité d'organisation et d'instinct place les Oiseaux fort au-dessus des reptiles; cependant l'Oiseau, dans la chaîne des êtres vivants, se rattache au reptile par deux liens : l'un et l'autre sont vertébrés et ovipares. L'étude spéciale des Oiseaux constitue à elle seule, sous le nom d'*Ornithologie*, l'une des branches les plus intéressantes de la Zoologie.

Les Oiseaux ont tous, à des degrés divers, l'instinct de la famille, les femelles de tous les Oiseaux, sauf une seule, celle du *Coucou*, ont au plus haut degré l'instinct maternel : jamais les petits ne sont abandonnés du père et de la mère avant qu'ils aient atteint l'âge où ils sont en état de se défendre et de pourvoir à leur subsistance.

On trouve parmi les Oiseaux toutes les nuances de l'esprit de famille, qui, comme on l'a dit, n'existe pas chez le Coucou, par une exception unique; il n'y en a pas d'autre exemple. La femelle du Coucou pond ses œufs dans le nid d'un Oiseau d'une autre espèce; elle ne construit pas de nid et laisse à une autre le soin d'élever sa postérité. Le plus grand nombre des Oiseaux est *monogame* ; le mâle, de concert avec la femelle, bâtit le nid, prend part à l'incubation et aide à nourrir la couvée. Le plus souvent, l'union est annuelle ; à la fin de la belle saison, le mâle et la femelle s'en vont chacun de leur côté ; ils contractent une nouvelle union au printemps de l'année suivante. Quelques-uns seulement, et ce sont ceux dont les mœurs offrent le plus d'intérêt, sont monogames pour toute la vie. Le premier rang, sous ce rapport, appartient au Cygne. Pendant trois ans, le mâle et la femelle n'ont d'autre souci que celui d'élever la couvée, qui a besoin de tout ce temps pour arriver à son développement complet. Si l'un des deux, soit à l'état sauvage, soit en domesticité, meurt de maladie ou d'accident avant l'autre, le survivant cesse aussitôt de manger ; il se laisse mourir de faim. Enfin, d'autres Oiseaux sont *polygames* ; dans ce cas, le mâle témoigne à ses femelles beaucoup d'attachement ; il se prive au besoin de nourriture pour qu'elles ne manquent de rien ; si elles sont en danger, il combat pour les défendre, jusqu'à la mort. C'est ce qu'on peut observer chez le Coq de nos basses-cours.

Le caractère le plus constant qui distingue l'Oiseau, c'est le bec corné, qui remplace pour lui la bouche. Les ailes manquent chez quelques espèces; chez d'autres, à la vérité en petit nombre, les plumes manquent également ; elles sont remplacées par des poils.

Quoique de nombreuses tribus d'Oiseaux ne volent pas, le vol, c'est-à-dire la faculté de se soutenir en l'air et de se diriger à volonté d'un point à un autre, est un des attributs du plus grand nombre des Oiseaux.

Le vol, chez les Oiseaux, ne répond pas à l'idée que s'en forment en général ceux qui sont étrangers à l'étude de l'histoire naturelle. L'Oiseau, pour faciliter son déplacement à travers l'atmosphère, possède la faculté de s'alléger sensiblement en faisant le vide dans l'intérieur des tuyaux de ses plumes; s'il devient seulement un peu plus lourd que d'habitude, il ne peut plus voler. C'est ainsi qu'on abandonne aux Vautours le cadavre d'une vache ou d'une chèvre dans les gorges inaccessibles des Alpes ou des Pyrénées, pour qu'ils se gorgent de chair corrompue; dès qu'ils ont trop dîné, ils ne volent plus; on peut alors, ou les fusiller, ou les prendre vivants, en leur jetant une corde à nœud coulant; ceux qu'on voit dans les volières des ménageries n'ont pas été pris autrement. Ni l'Aigle, ni aucun des grands Oiseaux de proie ne peut enlever un mouton, à plus forte raison ne saurait-il enlever un enfant; les faits de ce genre racontés dans les pays de montagnes sont de pure invention. Ceux d'entre les Oiseaux qui, comme l'Hirondelle et le Pigeon, exécutent de longs voyages aériens, possèdent un instinct sûr, qui leur apprend à rechercher dans les régions supérieures de l'atmosphère les courants dont la direction leur est favorable; sans cet indispensable secours, ils resteraient en route.

De tous les sens, celui de la vue est le plus

parfait chez l'Oiseau ; son œil se ferme, non en abaissant la paupière supérieure, comme l'œil humain, mais en relevant la paupière inférieure. Les Oiseaux chanteurs ont le sens de l'ouïe très délicat ; le Rossignol et la Fauvette modulent des sons dont assurément ils comprennent la mélodie.

Les naturalistes rangent tous les Oiseaux connus en six ordres, qui sont, en commençant par les moins complètement organisés : 1° les *Palmipèdes*, 2° les *Echassiers*, 3° les *Gallinacés*, 4° les *Passereaux*, 5° les *Grimpeurs*, 6° les *Rapaces* ou *Oiseaux de proie*.

Palmipèdes. — Cet ordre d'Oiseaux est suffisamment caractérisé par ses pieds *palmés*, dont les doigts, au lieu d'être libres comme ceux des autres Oiseaux, sont réunis par une épaisse membrane. Ces Oiseaux marchent péniblement, mais ils nagent avec beaucoup d'agilité ; l'eau est leur élément. Les moins parfaits des Palmipèdes appartiennent aux genres *Pingouin* et *Manchot*. Ils n'ont à la place des ailes que des moignons qui ne leur sont d'aucun secours ; mais ce sont les plus intrépides nageurs de tous les Palmipèdes ; un trajet de 120 à 150 kil. à franchir à la nage ne les arrête pas. D'autres Palmipèdes possèdent au contraire des ailes d'une ampleur et d'une puissance très grandes ; vivant de pêche, ils volent presque toute la journée au-dessus de la surface de la mer, sans se reposer, et ne vont à terre que pour dormir ; aussi les marins les rencontrent-ils en mer à de très grandes distances des côtes. Le *Pétrel*, la *Frégate* et l'*Albatros* sont ceux de ces Oiseaux dont la puissance de vol est le plus développée.

Quelques Palmipèdes, entre autres le *Pélican* et le *Cormoran*, sont pourvus d'un bec énorme, dont la partie inférieure est accompagnée d'une poche membraneuse très ample ; l'Oiseau y tient en dépôt le poisson qu'il lui arrive de prendre quand il n'a pas faim. On sait que le Pélican a été adopté comme le symbole du dévouement, parce que, dit-on, il n'hésite pas à s'ouvrir le flanc pour nourrir de son sang sa jeune couvée. Le fait est faux et même impossible ; les jeunes Pélicans ne sauraient vivre du sang de leurs parents ; ceux-ci ont soin de les approvisionner de poisson, le seul aliment qui leur convienne. En Chine, le Cormoran dressé à cet exercice va à la pêche pour le compte de son maître, auquel il rapporte le poisson, bien entendu qu'on lui en abandonne sa part.

L'homme a réduit en domesticité dès la plus haute antiquité trois Oiseaux palmipèdes, le *Canard*, l'*Oie* et le *Cygne*. Le Canard mange beaucoup et de tout ; il n'est jamais maigre et peut être livré à la cuisine sans avoir été engraissé. Les meilleures races de Canards domestiques sont le *Barbotteur* de *Rouen* et le canard *blanc anglais d'Aylesbury*. Les ban-

Canard.

des nombreuses de Canards sauvages voyagent tous les ans du Midi au Nord et du Nord au Midi. L'un d'entre eux, le Canard *Eider*, qui ne couve que dans les régions polaires, fournit le duvet précieux connu sous le nom d'*édredon*.

L'Oie domestique dément par un instinct très développé le proverbe injuste qui dit : *Bête comme une Oie*. Les deux meilleures espèces d'Oies domestiques sont l'*Oie blanche de la Meuse* et l'*Oie grise de la Garonne*, connue dans tout le midi de la France sous le nom d'*Oie de Toulouse*. Les bandes d'Oies sauvages exécutent tous les ans les mêmes pérégrinations que les Canards; elles engagent souvent par leurs cris les Oies domestiques à les accompagner, et celles-ci, quand elles ne sont pas trop grasses, vont quelquefois les rejoindre.

Oie.

L'Oie domestique prend facilement la graisse ; l'Oie de Toulouse, complétement engraissée; arrive assez souvent au poids de 10 kilogrammes.

Le *Cygne*, dont le plumage est d'une blancheur à rivaliser avec la neige, est, comme on l'a vu précédemment, aussi poétique par ses mœurs qu'harmonieux par ses formes. Quant au chant que, selon les Grecs, le Cygne fait entendre immédiatement avant de mourir, c'est une fiction ; le Cygne n'a qu'un cri d'appel, qu'il fait entendre rarement ; il ne chante pas. Le continent Australien, encore imparfaitement exploré, possède une fort belle race de Cygnes au plumage entièrement noir. Le Cygne blanc, par la grâce avec laquelle il se balance sur l'eau, est l'ornement obligé des pièces d'eau dans les parcs et les jardins paysagers. La chair des jeunes Cygnes, sans être bonne, est mangeable ; celle du vieux ne l'est pas.

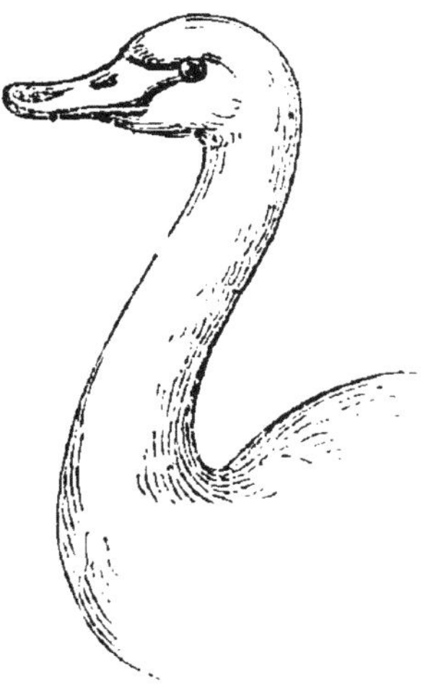

Cygne.

Echassiers. — L'ordre des *Échassiers* est nettement caractérisé par la longueur de ses jambes ; mais il réunit des Oiseaux chez lesquels ce caractère n'existe qu'à des degrés très divers ; c'est pourquoi les naturalistes ont divisé cet ordre en trois groupes : 1° Les *Brévipennes* ; 2° les *grands Échassiers* ; 3° les *petits Échassiers*.

Brévipennes. — Les Oiseaux du groupe des *Brévipennes* s'éloignent presque autant que le Manchot et le Pingouin de la conformation des autres Oiseaux. Leur nom, très bien justifié, signifie *ailes-courtes*. Ce groupe comprend l'*Autruche* proprement dite, le *Nandou* ou *Autruche d'Amérique*, le *Casoar* et l'*Aptérix* ; ces deux derniers appartiennent à l'Australie.

L'*Autruche* l'emporte par la taille sur tous les Oiseaux connus. Ses pattes ont la longueur et la force des jambes des grands mammifères. Bien que sa tète soit petite, plate et que, par conséquent, elle renferme un cerveau très peu volumineux, elle n'est pas dépourvue d'instinct. De nos jours, on a commencé en Algérie à élever avec succès l'Autruche en domesticité; on a pu vérifier la fausseté des assertions des naturalistes qui affirmaient que l'Autruche, comme la tortue, enfouit ses œufs dans le sable, et ne les couve pas. L'Autruche est pourvue d'un instinct qui n'appartient qu'à elle. Avant de commencer l'incubation sur un monticule de sable élevé pour tenir lieu de nid, le mâle et la femelle examinent les œufs avec soin; ils connaissent ceux qui ne doivent pas éclore; ils les font rouler hors du nid; la femelle ne couve que les bons. Les plumes d'Autruche, comme objet d'ornement, ont une grande valeur commerciale; l'Afrique centrale en expédie à l'Europe pour des sommes importantes.

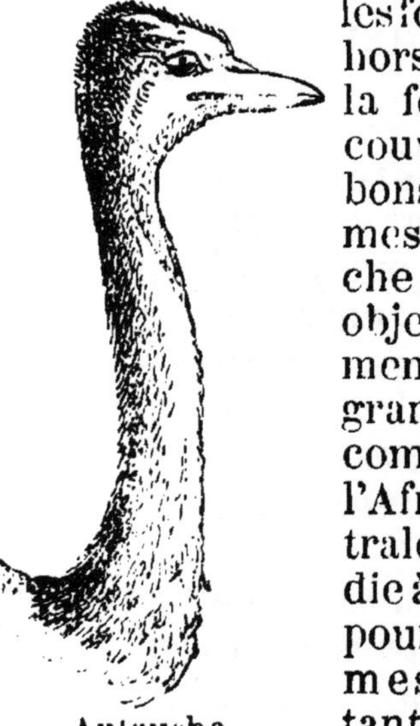
Autruche.

Le *Nandou*, aussi nommé *Touyou* dans l'Amérique du Sud, n'a guère que la moitié de la taille de l'Autruche de l'ancien continent; il est très recherché comme gibier; aussi lui fait-on une guerre acharnée, qui déjà l'a fait disparaître des parties les plus peuplées du Nouveau Monde. Les plumes du Nandou n'ont pas la valeur des plumes d'Autruche ; on en fait des plumeaux d'un prix modéré et d'un très bon usage.

Le *Casoar* a la tête ornée d'un casque de substance cornée, et le corps couvert de longues soies qui lui tiennent lieu de plumes ; les moignons qui remplacent les ailes sont encore moins prononcés que chez l'Autruche. On nomme *Emeu* une variété de Casoar qui vit en bandes nombreuses dans les solitudes du continent Australien. L'Emeu n'a pas de casque ; c'est le seul caractère qui le distingue du vrai Casoar, répandu dans tout le grand archipel Indien.

L'*Aptérix* est, pour ainsi dire, encore moins Oiseau que l'Autruche, le Nandou et le Casoar. Chez l'*Aptérix*, les ailes manquent totalement ; c'est ce qu'exprime son nom, qui signifie : *dépourvu d'ailes*. Les poils qui recouvrent son corps, de la grosseur de celui d'une Dinde, n'ont rien de commun avec des plumes. Cet Oiseau n'existe qu'à la Nouvelle-Zélande, et il n'y est pas nombreux ; la femelle ne pond que deux œufs à chaque couvée. La race de l'Aptérix est presque éteinte dans son pays natal ; sa chair est aussi bonne que celle des meilleures volailles de nos basses-cours. Si l'Aptérix doit être conservé, il est probable qu'il le sera, non pas à la Nouvelle-Zélande, mais dans les ménageries des jardins zoologiques d'Europe, où on le fait aisément multiplier en captivité.

Grands Echassiers. — L'instinct voyageur est encore plus prononcé chez les *grands Echassiers* que chez les Palmipèdes, les Oiseaux de ce groupe montrent, en général, beaucoup d'attachement entre eux et pour leurs petits; tous sont monogames ; plusieurs d'entre eux le sont pour toute la vie.

Les Oiseaux les plus intéressants du groupe des grands Echassiers sont : la *Grue*, le *Héron* et l'*Outarde*, qui habitent l'Europe, l'*Ibis* et le *Phénicoptère*, qui habitent le Nord de l'Afrique.

Grue. — Ce genre est assez riche en espèces remarquables; la *Grue de Numidie*, aussi nommée *Oiseau Royal*, a la tête ornée d'une aigrette élégante; la *Grue du Sénégal*, plus connue sous le nom de *Marabout*, fournit au commerce des plumes délicatement frisées, d'un blanc de neige et d'un prix élevé. Mais les espèces les plus dignes d'intérêt pour les naturalistes sont : les *Grues voyageuses*, l'une d'un gris uniforme, qui est la Grue proprement dite, le type du genre ; l'autre, blanche, avec les ailes noires et le bec couleur orange, porte le nom spécial de *Cigogne*.

Ce qu'il y a de plus remarquable dans les mœurs de la Cigogne, c'est qu'après avoir élevé une couvée dans les contrées désertes des bords du Vacdar et de la Maritza, dans l'ancienne Thrace, elle prend son vol vers le Nord, et vient élever une autre couvée en Suisse, en Hollande et dans l'Allemagne Septentrionale, non pas dans les lieux isolés et déserts, mais au sein des villes les plus populeuses, sans s'effrayer du voisinage de l'homme. Partout où la Cigogne vient s'établir pour la durée de la belle saison, on s'empresse de lui offrir l'hospitalité, en vertu d'un préjugé qui veut que la présence d'une Cigogne dans une maison porte bonheur.

Quoique la chair de la Cigogne soit très mangeable, on ne la chasse pas ; le chasseur qui abattrait une Cigogne croirait se porter malheur à lui-même; la Cigogne semble le savoir, et elle en profite. Elle paye l'hospitalité qu'on lui accorde en détruisant une multitude de reptiles et de petits rongeurs, dont elle débarrasse le voisinage des habitations.

Héron. — Les mœurs du *Héron* sont l'opposé de celles de la Grue ; il fuit l'homme et recherche les lieux les plus solitaires. On lui fait la chasse, non pour sa chair, qui n'est pas mangeable, mais pour quelques-unes de ses plumes, dont on fait des aigrettes d'une assez grande valeur.

Outarde. — L'Outarde dont on connaît deux espèces, la grande et la petite, est connue dans le midi de la France sous le nom vulgaire de Cannepétière, à cause de son cri, bien qu'elle n'ait rien de commun avec le Canard. L'Outarde diffère essentiellement des autres grands Échassiers par la forme de la tête et celle du bec ; elle est granivore, et ne vit pas exclusivement de proie vivante, comme la Grue et le Héron. Les essais tentés pour ajouter au nombre assez restreint de nos Oiseaux de basse-cour l'Outarde, dont la chair est très délicate, se poursuivent avec persévérance et semblent devoir réussir dans un avenir prochain.

Ibis. — L'*Ibis*, espèce voisine du genre *Grue*, appartient à l'Egypte. Chez les anciens Egyptiens, c'était un Oiseau sacré, qu'il était défendu de tuer, à cause des services qu'il rendait en détruisant des reptiles incommodes ou dangereux, dont le pays est infesté à la suite des débordements périodiques du Nil. Son plumage est d'un rouge éclatant. L'Ibis exécute des voyages annuels de l'Egypte vers l'Afrique centrale, allée et retour, analogues aux voyages du Nord au Sud et du Sud au Nord, de la Grue d'Europe.

Phénicoptère. — On connaît sous son nom vulgaire de *Flamant* ou *Flambant* le grand Echassier nommé par les naturalistes *Phénicoptère*, ce qui signifie *ailes de feu*, à cause de la couleur rose ou rouge éclatante des ailes, qui tranche sur le fond blanc du reste du plumage. Les langues de Phénicoptère ont joui sous les Romains d'une réputation gastronomique depuis longtemps évanouie. La hauteur des jambes et la longueur du cou rendent le Phénicoptère assez laid malgré la beauté de son plumage.

Petits Echassiers.— Les oiseaux du groupe des *Petits Echassiers* n'ont presque rien de commun avec ceux du groupe des *Grands*

Echassiers. Ce sont tous des Oiseaux de taille moyenne, dépassant rarement la grosseur du pigeon, pourvus d'un long bec pour saisir les vers de terre et les petits mollusques dont ils se nourrissent. Les plus remarquables de ce groupe sont la *Bécasse*, le *Pluvier* et l'*Huitrier*.

Bécasse. — La *Bécasse*, qui doit son nom à la longueur de son bec droit, passe sa vie à voyager; elle vient en France à titre d'Oiseau de passage; c'est un des gibiers les plus estimés.

Bécasse.

Pluvier. — Le *Pluvier* n'est pas moins recherché comme gibier que la *Bécasse*. Le Pluvier se distingue par la longueur de son bec courbe et très mince. C'est, de même que la Bécasse, un Oiseau de passage, dont l'arrivée en France coïncide avec le commencement des pluies d'automne succédant aux sécheresses prolongées de l'été : telle est l'origine de son nom. L'espèce de Pluvier la plus estimée comme gibier porte le nom vulgaire de *Courlis* ; cet Oiseau, dans son cri d'appel, prononce assez distinctement le mot Courlis.

Huîtrier. — L'*Huitrier* habite les bords de la mer; il vit exclusivement de coquillages, surtout d'huîtres, qu'il sait ouvrir très adroitement à l'aide de son bec d'une rare solidité. Si l'on remplaçait ce bec par un bec noir et court, l'*Huîtrier* ressemblerait à une Pie, dont il a exactement le plumage blanc et noir.

Gallinacés. — Les Oiseaux de l'ordre des *Gallinacés* doivent leur nom au Coq, nommé par les Romains *Gallus*, l'Oiseau gaulois par excellence. Néanmoins, le Coq et la Poule, sa compagne, ne sont pas originaires de la Gaule ; à une époque impossible à préciser, ces Oiseaux sont venus d'Asie avec les Celtes, nos ancêtres. On retrouve le Coq et la Poule à l'état sauvage dans la presqu'île de l'Indo-Chine, à l'extrémité de l'Asie orientale, d'où leur race s'est propagée dans le reste du monde : c'est leur vrai point de départ. Les Gallinacés ont en général le vol pesant, à l'exception du Pigeon, doué de l'instinct voyageur, tandis que la plupart des autres Gallinacés sont sédentaires. Plusieurs d'entre eux sont grands marcheurs ; le *Dindon sauvage*, dans l'Amérique du Nord, exécute d'assez longs voyages en marchant ; il ne se sert de ses ailes que pour franchir les rivières qu'il rencontre sur son passage. Les Gallinacés sont essentiellement granivores ; aucun Oiseau de cet ordre ne chasse pour vivre ; mais ceux qui vivent en domesticité mangent à peu près de tout ce qui peut se manger. Plusieurs Gallinacés, entre autres le *Coq*, le *Dindon* et le *Faisan*, sont polygames; quelques-uns, comme le *Pigeon* et le *Tourtereau*, sont monogames pour la vie. Chez tous les Gallinacés, sans exception, la femelle témoigne un extrême attachement à ses petits et même à ses œufs. La *Perdrix*, malgré sa timidité naturelle, plutôt que d'abandonner ses œufs, se laisse quelquefois atteindre par les faucheurs de prairies artificielles, qui ne peuvent deviner sa présence, et la tuent sans le vouloir.

L'ordre des Gallinacés est très riche en genres et espèces, dont les plus dignes d'être étudiés sont 1° le *Coq ;* 2° le *Dindon ;* 3° le *Faisan ;* 4° le *Paon ;* 5° la *Pintade ;* 6° le *Pigeon ;* 7° la *Perdrix ;* 8° la *Gélinotte ;* 9° la *Caille ;* 10° le *Colin.*

Coq. — C'est de nos jours qu'on a réimporté de la Chine et de l'Indo-Chine l'espèce primitive du Coq, inférieure sous tous les rapports aux bonnes races européennes et surtout aux meilleures races françaises. Le Coq est le symbole de la vigilance. Nul ne peut rendre raison du chant éclatant que le Coq fait entendre pendant la nuit, non plus que du *caquetage* de la Poule, qui ne se tait pour ainsi dire jamais, et qui semble causer continuellement avec ses compagnes. Les sous-variétés produites par la domestication sont innombrables ; les meilleures pour la ponte sont les races de *Houdan* et de *Crèvecœur ;* les meilleures comme volailles de table sont les races de *La Flèche* et de la *Bresse*. La production des œufs ainsi que l'élève et l'engraissement des Poulets, Poulardes et Chapons, forme une branche importante de l'économie rurale en France et dans toute l'Europe.

Coq et Poule.

Dindon. — Le *Dindon*, introduit en France depuis le seizième siècle, n'a pas produit en domesticité un grand nombre de variétés. Le *Dindon sauvage* d'Amérique, au plumage uniformément bronzé, a pris en Europe un plumage d'un beau noir lustré. Le *Dindon noir* a produit le blanc, marbré de gris foncé répandu dans tout le nord de l'Europe, et une sous-variété d'un blanc de Cygne, considérée comme un Oiseau d'ornement très beau, mais difficile à élever. Le mauvais caractère du Dindon est attesté par l'adjectif *Taquin*, dérivé du terme italien *Tacchino*, nom du Dindon dans la langue italienne. Bien qu'il soit considéré comme l'emblème de la stupidité, le Dindon ne manque pas d'instinct ; il est très susceptible d'attachement pour ceux qui en prennent soin.

Dindon.

Faisan. — Le *Faisan commun* et ses deux belles variétés, le *Faisan doré* et le *Faisan argenté*, n'ont été nulle part réduits à l'état de domesticité complète. Dans les bois dont la chasse est gardée, la femelle du Faisan commun couve et élève ses petits; mais elle ne couve pas en captivité. Dans les faisanderies, on confie à la petite Poule naine de Bautain le soin de couver les œufs de la Poule faisanne; la coque de ces œufs est si fragile, qu'une Poule de forte race ne saurait se poser dessus sans les casser. Malgré leur sauvagerie naturelle, les Faisans qui vivent en liberté dans les bois, savent très bien se rassembler, au coup de sifflet du garde, pour venir recevoir de lui, pendant les froids rigoureux de l'hiver, les aliments dont ils ont besoin.

Paon. — Les nobles du moyen âge, ayant apparemment de meilleures dents que nous et un meilleur estomac, faisaient figurer dans leurs festins d'apparat le *Paon*, dont la chair est à peine mangeable. Cet Oiseau, très disposé d'ailleurs à la familiarité avec l'homme, n'est plus élevé que comme Oiseau d'ornement, en raison de l'incomparable beauté de son plumage. On en a obtenu en domesticité une variété complétement blanche. Le caractère du Paon est aussi sociable que celui du Dindon est taquin; il semble se plaire avec les autres Oiseaux de basse-cour, et n'abuse jamais de la supériorité de ses forces pour les tyranniser, comme le fait le Dindon.

Pintade. — La tête de la *Pintade* est surmontée d'un casque analogue à celui du Casoar, auquel elle ressemble en petit ; elle multiplie facilement dans nos basses-cours ; sa ponte est abondante ; la qualité de ses œufs est supérieure à celle des œufs des meilleures Poules, et sa chair, comme volaille de table, n'est point inférieure à celle du Faisan. Malgré tant de qualités recommandables, la *Pintade* se rencontre rarement dans nos basses-cours ; elle s'y rend insupportable par son caractère querelleur, qui la met en état de guerre permanente avec les autres volailles, et par son cri perçant et monotone, qu'elle fait entendre presque continuellement. S'il était possible de l'engager à se tenir tranquille et à se taire, la Pintade serait regardée comme le meilleur de tous nos Oiseaux de basse-cour.

Pintade

Pigeon. — Le *Pigeon*, par sa conformation intérieure et par sa manière de marcher, ainsi que par la nature des aliments dont il se nourrit, se rattache à l'ordre des Gallinacés ; il s'en éloigne par ses mœurs et sa manière de vivre soit à l'état sauvage, soit à l'état domestique.

Le Pigeon est essentiellement monogame. Tandis que chez les Gallinacés polygames, tels que le Coq et le Faisan, le mâle ne se mêle ni de l'incubation, ni de l'élevage des petits, le Pigeon couve alternativement avec sa femelle, et partage avec elle le soin de nourrir la couvée.

Le Pigeon multiplie beaucoup, bien que sa femelle ne couve pas plus de deux œufs à la fois ; mais elle renouvelle ses couvées au bout de cinq à six semaines pendant la belle saison ; tous ses œufs sont bons, et elle élève tous ses petits, ce qui fait qu'en fin de compte, un couple de Pigeons donne par an une postérité aussi nombreuse que celle des autres Oiseaux de basse-cour qui couvent en une seule fois un plus grand nombre d'œufs.

Le Pigeon sauvage exécute en bandes innombrables de très longs voyages à travers le continent américain. Le Pigeon domestique a conservé comme un souvenir de ses mœurs à l'état libre ; c'est pourquoi, seul entre tous nos Oiseaux domestiques, il vole constamment en rond. A leur point de départ, les bandes de Pigeons voyageurs commencent par s'élever graduellement en spirales immenses, ce qui les met en contact avec tous les courants d'air régnant à diverses hauteurs ; dès qu'ils ont rencontré par ce procédé celui de ces courants qui leur est favorable, ils partent en ligne droite. C'est encore ce que fait invariablement le Pigeon voyageur, qui franchit des centaines de lieues pour revenir à son colombier avec la vitesse du vent pendant la tempête. Les races de Pigeons domestiques qui ont perdu l'instinct des voyages, ont conservé l'habitude de décrire des spirales dans l'atmosphère; les Pigeons en troupe ne volent jamais autrement.

Pigeon.

Le Pigeon sauvage est désigné sous le nom de *Ramier*, parce qu'il perche sur les rameaux des arbres pour se reposer et dormir; le Pigeon domestique ne perche pas. Le Pigeon ramier est considéré comme un excellent gibier.

Perdrix. — Personne ne conteste à la *Perdrix* le premier rang comme gibier à plume, quant à la délicatesse de sa chair. La France en possède deux races distinctes: la *Perdrix grise*, répandue depuis notre frontière du Nord jusqu'à la vallée de la Loire, et la *Perdrix rouge*, qu'on rencontre depuis la Loire jusqu'à la Méditerranée. Rien ne semble plus facile que de réduire en domesticité les deux variétés de Perdrix, et de les ajouter à la liste de nos Oiseaux de basse-cour; leur vol très pesant n'est pas soutenu; en quelques générations, la Perdrix aurait, comme le Coq et la Poule, perdu l'habitude de voler. La recherche des œufs de Perdrix est interdite par les lois sur la chasse; mais lorsqu'on trouve, en fauchant les prairies artificielles, des nids de Perdrix remplis d'œufs abandonnés par la mère, on peut les faire couver par des Poules naines ; les petits s'élèvent dans la basse-cour, sans plus de difficulté que des Poulets.

Gélinotte. — La *Gélinotte*, encore nombreuse en Ecosse sur quelques grandes propriétés dont la chasse est gardée avec soin, a presque disparu du sol de la France ; elle a la valeur gastronomique de la Perdrix, avec un tiers de volume de plus ; ses mœurs sont celles de la Perdrix ; il serait également facile et avantageux de la réduire en domesticité; ce qui n'a point encore été essayé.

Caille. — Bien que la *Caille* ait beaucoup de traits d'analogie avec la Perdrix grise, à laquelle, sauf la taille, elle ressemble singulièrement, elle en diffère essentiellement par ses mœurs ; la Caille est aussi voyageuse que la Perdrix est sédentaire. Tous les ans, après avoir élevé une couvée en Afrique, la Caille traverse la Méditerranée pour venir faire une seconde couvée en Europe. Elle chemine du Midi au Nord, jusqu'à ce que l'approche de l'automne l'oblige à rebrousser chemin, en emmenant avec elle ses petits tout élevés. Plus la Caille s'éloigne des côtes de la Méditerranée, plus elle est estimée comme gibier ; en arrivant en Europe, sa chair n'a pas une saveur agréable, ce qui tient probablement à la nature des aliments dont elle s'est nourrie en Afrique. Le vol de la Caille est encore plus lourd et plus lent que celui de la Perdrix ; on a peine à comprendre comment, avec de si faibles moyens de transport, la Caille ose entreprendre de si longs voyages qu'elle ne manque pas, néanmoins, de recommencer tous les ans. Lorsqu'on a pris au filet un bon nombre de jeunes Cailles maigres, on les nourrit quelque temps en cage pour les engraisser, avant de les livrer à la cuisine.

Caille.

Colin. — Le *Colin* introduit depuis peu d'années de Californie en Europe, est parmi les Gallinacés un des mieux partagés quant à la grâce et à la beauté. Cet Oiseau, dont la chair est fort délicate, est un peu plus gros que la Caille et plus petit que la Perdrix; le *Colin* est polygame ; il multiplie facilement en captivité, sous le climat moyen de la France.

Passereaux. — L'ordre des *Passereaux* est un des moins naturels de toute l'Ornithologie ; il réunit à côté les uns des autres une multitude d'Oiseaux divers, qui n'ont, pour ainsi dire, aucun rapport, ni de mœurs, ni de forme extérieure, soit entre eux, soit avec le *Moineau franc* ou *Passereau*, considéré comme le type de cet ordre. Un bec droit et des ongles à peu près exempts de courbure sont les caractères fondamentaux de l'ordre, mais il s'en faut de beaucoup qu'ils se rencontrent avec une constance absolue chez tous les Oiseaux classés parmi les *Passereaux*.

Le nombre des genres et espèces de Passereaux est très considérable ; les naturalistes en ont formé cinq groupes distincts, dont chacun réunit des Oiseaux offrant entre eux plus ou moins d'analogie.

Premier groupe.—Il est composé des Oiseaux qui forment la transition naturelle des *Gallinacés* aux *Passereaux*, et qui se rapprochent plus des premiers que des seconds. Ce sont le *Martin-Pêcheur*, le *Corbeau*, la *Pie*, le *Geai*, le *Calao* et l'*Oiseau de Paradis*.

Le *Martin-Pêcheur* vit, comme son nom l'indique, de la pêche, à laquelle il se livre avec une adresse surprenante. Posé immobile sur le bord d'une eau courante, il guette les très petits poissons dont il se nourrit, se précipite sur eux en plongeant et les saisit au passage; il est rare qu'il manque son coup. Le *Martin-Pêcheur* est, par le coloris de son plumage, l'un des plus beaux oiseaux d'Europe.

Le *Corbeau*, dont on connaît deux grandes espèces : le *Corbeau noir* et le *Manteau gris* et deux petites espèces, le *Choucas* et la *Corneille*, est remarquable par sa voracité, sa longévité et son instinct. Le froid convient à son tempérament; il émigre au printemps du midi au nord, et revient en automne du nord au midi. La chair corrompue est son aliment de prédilection; au besoin, il mange de tout. On élève aisément le Corbeau en cage, où il apprend à prononcer en grasseyant quelques paroles ronflantes ; il devient très familier, mais il ne multiplie qu'en liberté. La durée de la vie du Corbeau est probablement fort longue. On cite des centenaires en assez grand nombre parmi les Corbeaux élevés en domesticité. Le cri monotone du Corbeau, nommé *croassement*, est des moins agréables ; quelques personnes ont le courage de manger sa chair, bien qu'elle soit coriace et, même à l'état frais, d'une odeur repoussante.

La *Pie*, nommée par nos ancêtres les Gaulois, *Aguesse* ou *Agasse*, a donné naissance, en raison de son caractère provoquant et irritant, au verbe *agacer*. La Pie est une variété du genre *Corbeau*. Comme le Corbeau, la Pie apprend à prononcer quelques mots et peut vivre avec l'homme sur le pied d'une familiarité insolente. Nul ne peut expliquer l'instinct qui porte la Pie à dérober et à cacher les pièces de monnaie et généralement tous les objets brillants, qui semblent avoir pour elle un attrait irrésistible.

Le *Geai*, variété du genre Corbeau, comme la Pie, ne se nourrit que d'aliments végétaux, spécialement de glands ; c'est pourquoi les naturalistes le nomment *Corbeau à gland* (*Corvus glandarius*). Sa chair est mangeable, sans être fort bonne ; les plumes de ses ailes, quadrillées de bleu clair et de noir, sont recherchées comme objet de parure.

Geai.

Calao. — Le *Calao* n'a presque pas de caractères communs avec le Corbeau d'Europe et ses variétés ; il appartient à l'Afrique occidentale ; son bec énorme par rapport au volume de sa tête, lui donne une physionomie étrange, qui ne ressemble à celle d'aucun autre Oiseau.

Oiseau de Paradis. — On ne sait presque rien des mœurs de l'*Oiseau de Paradis*, confiné dans la Nouvelle-Guinée et quelques-uns des archipels de la Polynésie. L'élégance de son plumage le fait rechercher en Europe comme objet de parure.

Deuxième groupe. — Le deuxième groupe de l'ordre des Passereaux comprend le *Merle*, le *Sansonnet*, la *Grive* et la *Mésange*. Ces Oiseaux, par la forme et les mœurs, s'éloignent de plus en plus des Gallinacés ; ils n'ont entre eux que des analogies peu prononcées, et ne se rapprochent guères du *Moineau franc*.

Le Merle, dont le nom, chez les anciens Romains, était le symbole de la tristesse (*Merula*) est chez nous l'emblème de la gaieté ; tout le monde dit en France : *Gai comme un Merle*. Le Merle est en même temps insectivore et granivore; il devient très gras en automne ; c'est alors un excellent gibier. On peut l'élever en cage; il apprend facilement à siffler quelques airs peu compliqués; il ne multiplie pas en captivité.

Le *Sansonnet* est également connu sous le nom d'*Etourneau*. Il est le symbole de l'étourderie. On voit souvent des bandes nombreuses de Sansonnets voler en changeant continuellement de direction, comme si elles allaient à l'aventure, sans but déterminé. Comme le Merle, le Sansonnet, en automne, est un fort bon gibier ; on peut l'élever en cage et lui donner la même éducation qu'au Merle, mais avec un peu plus de peine.

La *Grive* vient en France dans la saison de la maturité du raisin, dont elle est fort avide; sa chair est très délicate ; on la prend en grand nombre *au lacet*, en amorçant les pièges avec des baies de sorbier.

La *Mésange*, dont les espèces les plus répandues sont la *Charbonnière*, le *Hoche-Queue* et la *Bergeronnette*, est essentiellement insectivore et, comme telle, utile à l'agriculture. La *Bergeronnette* ne craint pas de venir dans les pâturages rechercher, sur le dos des bestiaux, les insectes parasites qui les tourmentent ; elle n'éprouve aucune frayeur du voisinage de l'homme.

Troisième groupe. — Le troisième groupe réunit assez naturellement les petits Oiseaux chanteurs, qui tous se ressemblent plus ou moins par la forme, le volume et les mœurs, et qui se rapprochent sensiblement du vrai *Passereau*.

Le *Rossignol* est sans contredit le premier entre les oiseaux chanteurs ; il est exclusivement insectivore. On le prend assez facilement au trébuchet ; il peut vivre en cage un certain temps ; mais en captivité son chant devient en quelque sorte plaintif, et perd une grande partie de son éclat.

La *Fauvette* est le meilleur musicien parmi les oiseaux, après le Rossignol. On en connaît plusieurs espèces, toutes dotées d'un chant joyeux et varié. On les élève difficilement en cage ; elles ne multiplient qu'en liberté ; elles sont, comme le Rossignol, exclusivement insectivores.

L'*Alouette*, très estimée comme gibier, chante harmonieusement en s'élevant dans les airs, par des motifs impossibles à deviner ; elle se distingue de tous les autres Passereaux par la longueur extraordinaire de l'ongle du doigt postérieur de son pied ; elle est exclusivement granivore.

La *Linotte* chante agréablement, comme l'Alouette, et s'habitue mieux qu'elle à la cage, où néanmoins elle ne multiplie pas ; elle est granivore et recherche toutes les graines grasses, surtout la graine de lin; c'est l'origine de son nom.

Le *Pinson* chante avec tant d'entrain, qu'il est, comme le Merle, le symbole de la gaieté; le proverbe dit : *gai comme Pinson*. Il n'a qu'une chanson, toujours la même, qu'il répète sans se lasser, en cage aussi bien qu'en liberté; il est à la fois granivore et insectivore.

Le *Bouvreuil*, chanteur médiocre, mais assez bon *siffleur*, se distingue, comme le Pinson, par l'agréable variété de son plumage. Malheureusement, il a un goût si prononcé pour les boutons à fleurs du prunier, que si les jardiniers ne lui faisaient la guerre au printemps, ils seraient assurés de ne pas récolter de prunes.

Le *Chardonneret* est granivore ; il accorde une préférence marquée aux graines de chardons, d'artichaut, de salsifis, de laitue, et généralement à toutes les graines pourvues d'une aigrette. Le Chardonneret chante agréablement en cage ; il y multiplie soit avec une femelle de son espèce, soit avec la femelle du *Serin*, ce qui donne naissance à des métis excellents chanteurs.

Le *Serin*, comme le *Chardonneret*, chante et multiplie en cage; il est même fort embarrassé de sa personne lorsqu'il lui arrive de se trouver accidentellement en liberté. Elevé *à la brochette*, il devient d'une familiarité affectueuse, qui rend sa société très agréable. Le Serin est originaire des îles Canaries; ceux qu'on élève en Hollande ont, comme chanteurs, une réputation européenne.

Les Oiseaux suivants, quoique compris dans le troisième groupe de l'ordre des *Passereaux*, comme les précédents, ne sont pas chanteurs dans le vrai sens du mot; ils gazouillent seulement.

Le *Roitelet*, vif, alerte, ne fuyant pas l'homme, se laissant approcher de très près sans jamais se laisser prendre, est le plus petit des Oiseaux de ce groupe. Il ne peut vivre en cage; il est exclusivement insectivore.

Le *Rouge-Gorge*, insectivore comme le *Roitelet*, est aussi vif que lui, mais plus sociable. C'est, en France, un Oiseau de passage. Il s'habitue aisément à la cage, pour une saison seulement. Si à l'époque du départ on refuse de lui rendre la liberté, il meurt.

Le *Bruant*, d'un vert jaunâtre, analogue à la nuance du métis du Chardonneret et du Serin, connu sous le nom de *Serin vert*, est très commun dans toute la France. Pris au filet et nourri largement, il devient très gras; en cet état, il approche de la valeur gastronomique de l'*Ortolan*, son proche parent.

L'*Ortolan* et le *Bec-Figue*, peu différents l'un de l'autre, sont très répandus dans le midi de la France; leur réputation comme gibier est établie de temps immémorial; la gastronomie européenne ne connaît pas de mets plus recherché que les Ortolans accommodés aux truffes, à la provençale; mais, par compensation, il y a peu de mets plus indigestes. On prend en grand nombre l'Ortolan au filet, en septembre et octobre.

Quatrième groupe. — Le quatrième groupe de l'ordre des *Passereaux* est le moins nombreux ; c'est aussi le moins naturel : tant les Oiseaux qu'il réunit sont différents les uns des autres par la taille, la forme et les mœurs. Les naturalistes y ont placé côte à côte le *Grimpereau* d'Europe et l'*Oiseau-Mouche* du Nouveau Monde.

Le *Grimpereau* est un des plus petits et en même temps des plus utiles parmi les Oiseaux insectivores de l'ordre des Passereaux. Doué par la nature d'une vue perçante et de deux pieds dont la conformation lui permet de rester sans excès de fatigue pendant des heures dans une position verticale, le Grimpereau passe sa vie à rechercher dans les fentes des murs et dans celles de l'écorce des arbres, les larves et les chrysalides des insectes dont il détruit des quantités prodigieuses.

L'*Oiseau-Mouche*, dont les nombreuses variétés sont répandues dans toute l'Amérique du Sud, est le mieux vêtu et le plus petit de tous les oiseaux. Il se nourrit d'insectes pour la plupart invisibles à l'œil nu, qu'il va chercher dans la corolle des plus belles fleurs. Le mâle et la femelle élèvent en commun les petits avec des soins affectueux. L'Oiseau-Mouche, dont le *Colibri* est une des plus brillantes variétés, est aussi poétique par ses mœurs que par sa beauté.

Cinquième groupe. — Le cinquième et dernier groupe de l'ordre des *Passereaux* rassemble assez peu naturellement des Oiseaux insectivores, associés au *Passereau*, insectivore et granivore tout à la fois, et à la *Pie-Grièche*, véritable Oiseau de proie, placé là uniquement par la difficulté de le mettre ailleurs, pour servir de liaison entre l'ordre des *Passereaux* et celui des *Rapaces*.

L'*Engoulevent* est un Oiseau fort laid, pourvu d'un bec d'une largeur démesurée ; il est fort utile en opérant une large destruction des insectes ailés crépusculaires, auxquels il donne la chasse à la chute du jour.

L'*Hirondelle*, par son utilité, tient le premier rang parmi les Oiseaux insectivores. Son instinct voyageur, son habileté comme architecte, sa fidélité conjugale, la rendent intéressante à tous égards. Si l'Hirondelle ne purgeait l'atmosphère de millions d'insectes malfaisants, ceux-ci rendraient inhabitable une partie de l'Europe.

Deux espèces d'*Hirondelles*, le *Martinet* d'Europe, et la *Salangane* de l'Archipel Indien, méritent une mention spéciale. Le *Martinet*, de même que l'*Hirondelle commune*, se construit un nid très artistement maçonné ; il n'y emploie pas d'autre matériaux que sa propre salive, excessivement abondante, qui, en se desséchant, se consolide et se convertit en une substance transparente à demi cornée. Dans le grand Archipel Indien, la *Salangane*, espèce d'Hirondelle beaucoup plus grande que le *Martinet d'Europe*, se construit, probablement par le même procédé, des nids gélatineux qui, préparés avec divers assaisonnements, sont pour les riches Chinois un mets de prédilection ; ils payent les nids de *Salanganes* au poids de l'or : il ne faut pas disputer des goûts.

Le *Moineau franc*, le vrai *Passereau* (*Passer* des anciens Romains) est placé par les naturalistes tout à la fin des Oiseaux de l'ordre dont il est le type : peu s'en faut qu'il n'en soit exclu. On en connaît deux variétés, le *Moineau franc* et le *Friquet*, l'un et l'autre gourmands, hardis, très disposés à la familiarité avec l'homme. Bien qu'il ne chante pas, le *Moineau* est quelquefois élevé en cage; il y multiplie sans difficulté et paraît s'attacher à ceux qui en prennent soin. Le *Moineau* est monogame pour une saison seulement; sa femelle fait par an plusieurs couvées; la race du Moineau multiplie prodigieusement.

Pie-Grièche. — De même que le *Corbeau* et la *Pie*, dont elle se rapproche plus que de tous les autres Passereaux, la *Pie-Grièche* a le bec droit et les ongles des doigts plats, mais très robustes. Elle chasse pour vivre; ses mœurs sont exactement celles des Oiseaux de proie; on peut même la dresser pour la chasse aux petits Oiseaux ; elle ne craint pas d'attaquer et de combattre des Oiseaux beaucoup plus forts qu'elle.

Grimpeurs. — L'ordre des *Grimpeurs* est un des plus naturels de la classification ornithologique ; il a pour caractère des pieds conformés pour grimper : tous les Oiseaux grimpeurs ont le vol pesant et ne marchent qu'avec difficulté ; tous sont bien partagés du côté de l'instinct.

Les genres les plus dignes d'intérêt du groupe des *Grimpeurs* sont les *Pics*, les *Toucans* et les *Perroquets*.

Pics. — Les *Pics* ressemblent aux *Passereaux* par la forme et la physionomie; ils s'en éloignent par la conformation des pieds et du bec. L'espèce la plus répandue en Europe est le *Pic-Vert*, nommé par abréviation *Pivert*, très remarquable pour la beauté du coloris de son plumage. Il ne construit pas de nid, comme les autres oiseaux ; il se creuse dans le tronc des plus beaux arbres un trou profond, qui lui tient lieu de nid, et qui gâte les plus belles pièces de charpente. Les gardes forestiers le traitent, non sans motif, en ennemi et ne négligent aucune occasion de le détruire.

Toucans. — Les mœurs et l'histoire naturelle des Toucans sont très peu connues ; ils habitent les parties les moins explorées des régions intertropicales. Leur bec est comme celui du *Calao*, surmonté d'une énorme excroissance osseuse.

Perroquets. — Le genre *Perroquet*, très riche en espèces, est le plus important de l'ordre des Grimpeurs. Les *Perroquets*, tous doués de l'instinct d'imitation, pourvus d'une langue épaisse qui leur donne la faculté d'articuler les mots assez distinctement, répètent les paroles qu'ils entendent fréquemment prononcer. Dans les colonies des Antilles et de Cayenne, les *Perroquets*, nichés aux environs d'une habitation, retiennent et répètent les noms de tous les gens de la maison. La chair de tous les perroquets est bonne à manger. Le *Perroquet gris* du Sénégal et le *vert* de l'Amérique du Sud, connu sous le nom d'*Amazone*, sont ceux qui supportent le mieux le climat européen et qui apprennent à parler le plus distinctement.

Perroquet.

Rapaces. — Les Oiseaux *Rapaces*, également désignés sous le nom d'*Oiseaux de proie*, sont les mieux doués sous le double rapport de la perfection des sens et de la puissance du vol. Tous sont exclusivement carnivores; le plus grand nombre chasse pour vivre et dédaigne les cadavres; d'autres au contraire préfèrent, à tout autre aliment, les chairs corrompues. Chez les *Rapaces*, contrairement à ce qui a lieu dans les autres ordres d'Oiseaux, le mâle est toujours plus petit et moins robuste que la femelle. Les *Rapaces* sont tous monogames; le mâle et la femelle prennent également soin de leurs petits.

Les naturalistes rangent tous les rapaces en deux groupes : 1° les *Rapaces nocturnes*; 2° les *Rapaces diurnes*.

Rapaces nocturnes. — Les *Rapaces nocturnes* sont beaucoup moins nombreux que les *Rapaces diurnes;* ils ont pour caractère distinctif, des yeux énormes par rapport au volume de la tête, avec un bec court et crochu, qui leur donne une physionomie peu attrayante. Leurs yeux sont organisés comme ceux du Chat domestique, pour rassembler la lumière diffuse, ce qui fait que l'éclat du jour les aveugle, et qu'ils voient distinctement dans une demi-obscurité. Les *Rapaces nocturnes*, comme leur nom l'indique, ne chassent que la nuit ; ils font une guerre perfide aux petits Oiseaux, qu'ils surprennent pendant leur sommeil, et à toute la tribu des petits rongeurs. C'est pourquoi les *Rapaces nocturnes* se logent de préférence dans les vieux édifices en ruines, habités par les Rats et les Souris.

Les principaux genres de ce groupe sont le *Grand-Duc*, le *Hibou* ou *Moyen-Duc*, la *Chouette* et l'*Effraie*.

Le *Grand-Duc*, dont la taille approche de celle du Dindon, fuit l'approche de l'homme; il ne niche que dans les rochers, au cœur des plus grandes forêts ; il se distingue par deux aigrettes de plumes redressées aux deux côtés de sa grosse tête.

Le *Hibou* ou *Moyen-Duc* se rapproche volontiers des habitations de l'homme ; il niche souvent dans les vieux clochers, sans s'effrayer du bruit des cloches. Son cri lugubre, quand il le fait entendre pendant le jour, ameute contre lui tous les Oiseaux sauvages; on en profite pour un genre de chasse où il joue le rôle principal, sans le vouloir. Portez au soleil dans la clairière d'un grand bois, une cage contenant un Hibou; l'oiseau blessé par la lumière poussera des cris qui feront accourir toute sorte d'Oiseaux, ses ennemis acharnés ; la cage étant environnée de gluaux, vous prendrez par ce procédé une multitude d'Oiseaux vivants.

Chat Huant Hulotte.

La *Chouette*, plus petite que le *Hibou*, a les mêmes mœurs, et peut être utilisée pour le même genre de chasse. Quand elle se pose la nuit sur le toit d'une maison où il y a un malade en danger, les habitants des campagnes disent que la Chouette annonce la mort, et ils lui tirent des coups de fusil qu'elle ne mérite pas ; elle ne cherche à pénétrer dans les greniers que pour y donner la chasse aux rats et aux souris.

L'*Effraie* diffère des autres Rapaces nocturnes par la couleur de son plumage, dans lequel dominent le blanc et le gris clair. Au lieu de cri, elle pousse un gémissement étouffé, regardé par beaucoup de gens comme de mauvais augure. Loin de nuire à l'homme, elle lui rend service en détruisant les plus petits rongeurs pour s'en nourrir.

Rapaces diurnes. — Ce groupe comprend les Oiseaux de proie les plus beaux, les plus courageux, les mieux organisés pour le vol et pour le combat. Le nombre des genres et espèces des *Rapaces diurnes* est tel, que les naturalistes ont dû les ranger dans deux sections : 1° les *Vulturiens ;* 2° les *Falconidés.*

Vulturiens. — Les *Vulturiens* ont pour type le *Vautour*, Oiseau robuste, cruel et lâche, qui préfère à tout les chairs très corrompues, et qui ne chasse pour vivre qu'en cas de nécessité. Les principaux genres de *Vulturiens* sont, outre le Vautour, le Gypaëte et le *Condor.*

Le *Vautour*, quand il ne trouve pas de cadavres pour s'en repaître, guette du haut des airs, en décrivant des cercles immenses, les agneaux et les chevreaux nouveau-nés, couchés près de leur mère au bord des précipices ; ils se laisse tomber sur sa proie, la fait rouler dans l'abîme, et la dévore ensuite à loisir ; tant qu'elle est vivante, il n'y touche pas.

Le *Gypaëte*, commun dans les Alpes et les Pyrénées, comme le Vautour, a les mêmes mœurs et commet les mêmes dégâts.

Le *Condor*, très nombreux dans les hautes montagnes du Pérou et du Chili, est le plus gros des Oiseaux de proie ; il vit principalement de chair corrompue, comme le Vautour, dont il a les mœurs et le caractère.

Falconidés. — Les *Falconidés* se distinguent des Vulturiens par l'élégance de leurs formes, leur instinct très développé, et leur caractère intrépide. Ils ont pour type le *Faucon*. La partie supérieure du bec du *Faucon*, vue de profil, présente l'aspect d'une lame de faux ; c'est l'origine du nom des Falconidés. Les principaux genres de cette section, en commençant par les plus petits, sont l'*Emérillon*, le *Milan*, l'*Epervier*, le *Faucon* et l'*Aigle*.

L'*Emérillon*, ainsi que le *Hobereau* et la *Cresserelle*, à peu près de sa taille, est un petit Falconidé vif, intelligent, disposé à la familiarité avec l'homme et très susceptible d'éducation. On lui apprend aisément à rapporter comme un chien bien dressé, après quoi il va prendre, sans les blesser, toute sorte de petits oiseaux, et les rapporte vivants à son maître.

Le *Milan* est le fléau des basses-cours, où il vient audacieusement enlever les jeunes Poulets. Heureusement, le Coq est doué d'une vue assez perçante pour découvrir le Milan planant à une grande hauteur; il avertit par un cri particulier les Poules et leurs couvées de se mettre à l'abri des atteintes de l'Oiseau de proie.

L'*Epervier* attaque de préférence les Pigeons, aussi gros que lui, mais trop mal armés pour lutter contre le bec et les *serres* tranchantes de l'*Epervier*. Lorsqu'il s'est emparé d'un Pigeon, l'*Epervier* le plume très proprement, le dépèce, ne pouvant l'emporter tout entier, cache les morceaux et les porte l'un après l'autre à ses petits.

Le *Faucon* a fait pendant des siècles les délices des seigneurs et dames du moyen âge, par ses talents comme chasseur. L'art de dresser les Faucons, art désigné sous le nom de *Fauconnerie*, a constitué durant plus de six siècles une profession honorée et lucrative. Aujourd'hui, cet art achève de s'éteindre dans quelques petites cours d'Allemagne. Le Faucon bien dressé attaque dans les airs des Oiseaux plus grands et plus forts que lui ; il est tué quelquefois ; il ne recule jamais. Les Faucons réputés les meilleurs pour la chasse sont ceux de Norvége et d'Islande.

Faucon.

L'*Aigle* est placé à très juste titre en tête de l'ordre des *Rapaces* et au premier rang parmi les Oiseaux ; il a la vue la plus perçante, le vol le plus soutenu, l'organisation la plus complète. Il place l'*aire* qui lui tient lieu de nid sur les rochers les plus inaccessibles.

Dès qu'un Aigle s'établit dans un canton, il n'y souffre pas d'autre chasseur que lui-même ; il commence par battre et chasser tous les autres *Rapaces* diurnes qui pourraient lui faire concurrence. Une fois maître chez lui, il ménage ses ressources, ne chasse que quand il a faim, et ne mange jamais de viande gâtée. On ne peut le prendre comme on prend les grands Vulturiens, en le gorgeant de nourriture. Il faut l'aller enlever très jeune sur l'aire où il est né, ce qui n'est ni sûr, ni facile.

L'Aigle est d'un caractère trop indépendant pour se mettre comme chasseur au service de l'homme; on a plusieurs fois tenté, mais toujours sans succès, de dresser comme le *Faucon* le *petit Aigle* ou *Aigle criard*, très commun dans les Vosges et dans les Ardennes.

Aigle.

En remontant la chaîne des êtres doués de la vie, nous sommes arrivés des infusoires microscopiques à l'Aigle, rencontrant à chaque station des êtres de plus en plus parfaits, de mieux en mieux organisés, doués d'instincts de plus en plus développés ; c'est encore ce que nous trouverons en remontant, dans un ordre semblable, dans la classe des *Mammifères*.

MAMMIFÈRES

CHAPITRE IX.

Mammifères. — Les animaux de la classe des *Mammifères* ont un caractère commun, qui les distingue de tous les autres animaux; leurs femelles sont pourvues d'organes spéciaux nommés mamelles pour allaiter leurs petits. Ils sont vertébrés et respirent par des poumons, comme les oiseaux; ils donnent naissance à des petits vivants. Les plus parfaits d'entre les *Mammifères* possèdent une dose d'instinct qui tend à les rapprocher de l'Homme, lequel, par son organisation physique est, lui aussi, un *Mammifère*.

Les *Mammifères* comprennent des animaux de toutes les dimensions, depuis les *Souris* jusqu'à la *Baleine*; de tous les caractères, depuis la *Brebis*, emblème de la douceur, jusqu'au *Tigre*, symbole de la férocité; les animaux qui fournissent à l'Homme les plus utiles auxiliaires pour ses travaux appartiennent à la classe des *Mammifères*.

Les naturalistes rangent tous les *Mammifères* connus dans onze ordres, savoir : 1° les *Cétacés*; 2° les *Amphibies*; 3° les *Marsupiaux*, 4° les *Ruminants*; 5° les *Pachy-*

dermes; 6° les *Edentés*; 7° les *Rongeurs*; 8° les *Insectivores*; 9° les *Chéiroptères*; 10° les *Carnassiers*; 11° les *Quadrumanes*. L'*Homme* n'est pas compris dans cette classification; son histoire naturelle constitue une branche distincte de cette science, sous le nom d'*Anthropologie*.

Cétacés. — Bien des gens se figurent que les *Cétacés* sont des poissons, parce qu'ils vivent dans la mer et ne peuvent en sortir. Ces singuliers animaux ont tous une charpente osseuse analogue à celle des grands Mammifères terrestres, sauf les quatre membres qui leur manquent; ils respirent par des poumons, et non pas, comme les poissons, par des branchies, leurs femelles allaitent leurs petits, qui naissent vivants : on ne peut, pour tous ces motifs, les ranger parmi les poissons.

Les principaux genres de l'ordre des *Cétacés* sont : 1° le *Lamantin*; 2° le *Marsouin*; 3° le *Narval*; 4° le *Dauphin*; 5° le *Cachalot*, 6° la *Baleine*. Ce dernier genre, dont le nom latin est *Ceta*, a donné son nom à l'ordre des *Cétacés*.

Lamantin. — Cet animal habite, dans les régions intertropicales du Nouveau Monde, l'embouchure des fleuves, où il trouve les plantes dont il se nourrit. Son cri d'appel, qui ressemble à une plainte prolongée, est l'origine de son nom. Sa tête offre de l'analogie avec une tête humaine; la femelle, dont les mamelles sont placées sur la poitrine, soutient son petit avec ses nageoires antérieures comme une nourrice porte dans ses mains son nourrisson pendant l'allaitement. Par malheur pour le *Lamantin*, sa chair vaut celle du bœuf, ce qui fait que partout où l'homme s'est trouvé en force dans son voisinage, la race en est éteinte.

Marsouin. — Le *Marsouin* dont la grosse tête et le corps ramassé sont couverts d'une peau épaisse recouvrant une couche de lard huileux, vit en troupes dans l'Océan. A l'approche de la tempête, il remonte l'embouchure des grands fleuves, en faisant entendre des grognements qui font dire aux matelots que le *Marsouin* est le seul poisson qui ne soit pas muet ; le *Marsouin* peut crier, précisément parce que ce n'est pas un poisson.

Narval. — Le devant de la tête du *Narval*, aussi nommé *Espadon*, est armé d'une défense en ivoire, quelquefois longue de six à sept mètres. Il s'en sert pour combattre avec avantage les plus gros Cétacés : pourquoi ? C'est ce que les naturalistes ne peuvent savoir.

Dauphin. — Ce *Cétacé* diffère peu du *Marsouin* ; on ne connaît de ses mœurs que son extrême voracité ; les poëtes grecs lui ont prêté très gratuitement une vive amitié pour l'homme, qu'il se plaisait à sauver en cas de naufrage ; jamais Dauphin n'a porté à terre aucun naufragé.

Cachalot. — La taille de ce Cétacé est peu

inférieure à celle de la *Baleine;* sa mâchoire est armée de dents formidables. Les Cachalots se livrent entre eux des combats à mort : Pourquoi? C'est ce qu'on ignore. Malgré les dangers de la pêche au Cachalot, les baleiniers en prennent quelquefois. La tête et la colonne vertébrale du Cachalot contiennent la substance céromineuse nommée *Blanc de Baleine* dont on fait des bougies.

Baleine. — La *Baleine* est le plus gros des Cétacés et de tous les animaux connus. Son lait diffère peu du lait de vache; son lard fournit une huile abondante; c'est pour obtenir ce dernier produit qu'on pêche la *Baleine* dans les mers polaires et dans les mers du Sud. On connaît peu les mœurs de la Baleine. Elle est tellement attachée à son petit, que quand celui-ci est pris, la mère, folle de douleur, cherche, non pas à fuir, mais à se venger, et elle y réussit quelquefois. On n'a jamais pris de Baleine mâle; les femelles seules se laissent approcher et harponner. Leur nombre semble diminuer sensiblement ; cette race paraît devoir s'éteindre dans un avenir peu éloigné.

Les mâchoires de la Baleine ne sont point armées de dents ; elle a, pour broyer les mollusques marins et les harengs qu'elle absorbe par milliers, des *fanons*, espèces de lames verticales, d'une substance cornée, très connue des dames, qui en garnissent leurs corsets. La *Baleine* est le seul animal qui présente cette particularité d'organisation.

Amphibies. — L'ordre des *Amphibies* contient si peu de genres et d'espèces qu'il ne forme qu'un seul groupe. Les Cétacés ne peuvent vivre que dans la mer ; les *Amphibies* passent à terre une partie de leur existence ; ils ont, comme leur nom l'indique, deux manières de vivre, l'une comme animaux marins, l'autre comme animaux terrestres. Cet ordre ne contient que deux genres : le *Phoque* et le *Morse*.

Phoque. — La ressemblance du *Phoque*, aussi nommé *Veau marin*, avec le *Lamantin* est frappante. Le *Phoque* possède, de plus que le *Lamantin*, des pieds et des mains palmés comme les pattes du Canard ; n'ayant d'ailleurs ni bras ni jambes, il ne peut que se traîner péniblement sur le ventre. Le Phoque n'existe plus que dans les régions glacées voisines des deux pôles ; partout ailleurs, ne pouvant ni fuir ni se défendre, il a été détruit par l'homme, qui utilise sa graisse huileuse et son cuir. Le Phoque se nourrit exclusivement de poisson.

Morse. — Le *Morse* a l'organisation et les mœurs du Phoque ; de plus, il est armé de deux défenses dont il se sert bravement, ce qui rend la chasse au Morse assez dangereuse. L'ivoire des dents de Morse est un produit très cher, toujours rare dans le commerce.

Marsupiaux. — Les animaux de l'ordre des *Marsupiaux* sont encore moins nombreux que les *Amphibies*. Ce sont des animaux complets, ayant quatre membres bien formés, beaucoup d'instinct et un grand attachement pour leurs petits. Ils sont distingués des autres *Mammifères* par une singulière particularité qui n'appartient qu'à eux. Les petits naissent d'une taille si minime qu'on les aperçoit à peine. Au moindre signal de la mère, ils se réfugient dans une *poche abdominale* dont elle est pourvue ; ils achèvent d'y grossir pendant un allaitement très prolongé.

Les deux principaux genres de l'ordre des *Marsupiaux* sont le *Sarigue* et le *Kanguroo*, l'un et l'autre appartenant au continent australien.

Le *Sarigue* est pourvu d'une queue couverte d'écailles comme celle d'un serpent. Quand la femelle voyage, elle relève sa queue au-dessus de son dos, ses petits grimpent sur elle et s'accrochent par leurs queues à la queue maternelle ; la mère emporte ainsi toute sa famille.

Le *Kanguroo* possède, comme le Sarigue, quatre membres, mais ils sont très inégaux. Les pattes de derrière sont très longues, celles de devant très courtes ; le Kanguroo ne marche pas, il saute en s'appuyant sur sa queue, longue et forte, qui lui sert de cinquième patte pour se déplacer. C'est un animal de mœurs douces, herbivore et frugivore ; sa chair est excellente ; il serait facile de l'élever en domesticité.

Ruminants. — En quittant les *Marsupiaux*, tous étrangers à l'Europe, n'offrant pour ainsi dire d'intérêt qu'au naturaliste, nous sommes en présence de l'ordre des *Ruminants*, lequel contient une partie des plus utiles serviteurs de la race humaine.

Les *Ruminants* sont nombreux, et tous dignes d'intérêt à divers titres ; tous sont exclusivement herbivores. Après avoir pris la quantité de fourrage frais ou sec qui leur est nécessaire, ces animaux se couchent et passent un temps assez long à faire remonter leurs aliments dans la bouche pour les mâcher une seconde fois et les avaler définitivement. Cette opération se nomme *ruminer* ; c'est l'origine du nom de l'ordre des *Ruminants*.

Cet ordre est divisé en deux groupes : 1° les *Herbivores domestiques ;* 2° les *Rangifères*.

Herbivores domestiques. — Le groupe des Herbivores domestiques comprend : 1° le *Mouton ;* 2° la *Chèvre ;* 3° le *Bœuf ;* 4° le *Chameau ;* 5° le *Lama ;* 6° la *Girafe*.

Le groupe des *Rangifères* comprend : 1° l'*Elan*, 2° le *Renne ;* 3° le *Cerf ;* 4° le *Daim ;* 5° le *Chevreuil ;* 6° l'*Antilope*.

Mouton. — L'époque à laquelle le Mouton a été réduit en domesticité est si reculée que les naturalistes discutent encore la question de savoir s'il descend du *Mouflon* sauvage de l'île de Corse, ou de l'*Argali* de l'Asie mineure. Le poil du mouton, quelquefois lisse, plus souvent frisé, porte le nom de *laine ;* on sait qu'il est la base de nos vêtements. Dans cette race, dont l'ensemble porte le nom de race

Ovine, on nomme le mâle adulte *Bélier*, la femelle adulte *Brebis*, et les jeunes de l'année *Agneaux*. L'instinct des bêtes ovines est assez limité; elles ont produit en domesticité une multitude de variétés, toutes utiles à divers degrés commes bêtes à laine et comme animaux de boucherie. L'étude de ces races sort du domaine de l'Histoire naturelle, pour rentrer dans celui de l'Economie rurale.

Chèvre. — La *Chèvre*, dont le mâle adulte se nomme *Bouc*, est aussi turbulente que le Mouton est doux et docile; sa toison est composée de poils quelquefois courts, très longs chez certaines races, mais qui n'ont jamais les caractères de la laine. Le lait de Chèvre est abondant et nourrissant; c'est le meilleur lait qu'on puisse donner aux enfants que leur mère ne peut nourrir. La chair de la Chèvre est mangeable, sans être aussi bonne que celle du Mouton. La Chèvre témoigne à ceux qui en prennent soin tout l'attachement d'un Chien pour son maître. L'alliance du Bouc et de la Brebis a produit au Chili le *Chabin*, animal intermédiaire entre le mouton et la chèvre, également estimé pour sa chair et pour la belle qualité de sa toison.

Chèvre d'Angora.

Bœuf. — Le *Bœuf*, aussi anciennement réduit en domesticité que le *Mouton* et la *Chèvre*, est le premier de nos Herbivores domestiques. On nomme le mâle adulte *Taureau*, la femelle jeune, *Génisse*, le mâle jeune *Veau*, la femelle adulte *Vache*. Le travail du Bœuf et le lait de la Vache sont les bases de la prospérité agricole chez tous les peuples cultivateurs. A part les races diverses produites en Europe par la domesticité, le genre Bœuf comprend : en Asie et dans le midi de l'Europe, le *Buffle ;* dans l'Asie orientale, le *Zébu ;* au Thibet, le *Yack ;* en Afrique, l'*Arni ;* en Amérique, le *Bison*. Ces deux dernières espèces du genre Bœuf sont encore exclusivement à l'état sauvage ; les autres sont, dans leurs pays respectifs, au nombre des animaux domestiques. Le plus remarquable de ces animaux est le Yack, porteur d'une ample toison un peu grossière, mais propre à la fabrication des étoffes communes.

Bœuf domestique

Chameau. — Le Chameau, qu'on ne rencontre nulle part à l'état sauvage, a produit de toute antiquité deux espèces distinctes, le *Chameau d'Asie* à deux bosses ou Chameau proprement dit, et le *Chameau d'Afrique* à une seule bosse, ou *Dromadaire*. On connaît la sobriété proverbiale du *Chameau ;* c'est de tous les herbivores domestiques celui qui peut le plus longtemps supporter la faim et la soif, en continuant un service actif ; sans lui, il serait impossible de traverser les immenses déserts de l'Asie et de l'Afrique. On nomme *Méhara* (au pluriel *Méhari* en arabe) les Dromadaires les plus légers à la course; leur valeur en Algérie n'est point inférieure à celle des meilleurs Chevaux arabes.

Dromadaire.

Lama. — Le *Lama*, dont la tête offre beaucoup d'analogie avec celle du Chameau, est répandu dans toute la chaîne des Andes ou Cordillères, qui traverse l'Amérique méridionale du nord au sud. Il supporte avec une égale facilité le froid, la chaleur, et la fatigue ; il rend comme bête de somme des services que lui seul peut rendre ; il a été, à très juste titre, surnommé le *Chameau du nouveau continent.* — La *Vigogne* est une variété sauvage du *Lama ;* l'*Alpaca* en est une autre variété à toison très épaisse, domestique comme le Lama proprement dit.

Lama.

Girafe. — C'est un peu faute de lui trouver une case plus convenable que les naturalistes ont placé la *Girafe* à la suite des *herbivores domestiques*, le fait est que ce bel animal, aussi doux que gracieux, ne demande pas mieux que de devenir domestique, mais, en réalité, il ne l'est nulle part. Deux particularités distinguent la *Girafe* des autres *ruminants*; elle porte sur la tête deux cornes obtuses qui ne ressemblent à celles d'aucun autre animal; elle est le seul des *ruminants* dont l'allure naturelle soit *l'amble*. On sait qu'en général les quadrupèdes se déplacent en avançant un pied de devant et le pied opposé de derrière. La Girafe avance en même temps les deux pieds du même côté.

Girafe.

Rangifères. — Les *Ruminants rangifères* se distinguent par des cornes ramifiées nommées *bois*, qui tombent et repoussent périodiquement. Les animaux de ce groupe vivent tous à l'état sauvage, un seul excepté. Le *Renne* remplace tous les animaux domestiques en Laponie et en Irlande; seul il rend habitable une partie des régions polaires. Tous les *Rangifères* ont les jambes fines et les organes respiratoires constitués de manière à leur rendre facile une course rapide et très prolongée.

Elan. — L'*Elan* se distingue entre tous les *Rangifères* par l'ampleur de son bois ; sa taille est celle du Cheval. Il n'en existe plus que quelques échantillons dans les forêts de l'Europe orientale ; il n'est pas rare dans celles de l'Amérique du Nord.

Renne. — Le *Renne*, aussi nommé *Cerf polaire*, souffre de la chaleur dès qu'il s'écarte du voisinage du pôle nord ; sous le climat de la France, il meurt en quelques mois. La nature lui a donné l'instinct de rechercher sous la neige le lichen dont il se nourrit. Le Lapon l'attelle à son traîneau ; il s'y laisse atteler et conduire, et fait sur la neige gelée cent kilomètres sans s'arrêter, toujours au galop.

Cerf. — Le *Cerf*, dont le petit se nomme *Faon* et la femelle *Biche*, est d'une rapidité sans égale à la course ; il devient rare en Europe ; il aurait disparu de nos forêts s'il n'était réservé pour les chasses princières. Sa chair, sans être bonne, est mangeable. On fabrique avec ses cornes ou *bois* les manches de divers outils.

Daim. — Le *Daim* est supérieur au Cerf comme gibier, sa chair est fort délicate ; il est, de même que le Cerf, gibier de princes. On le rencontre dans nos forêts moins rarement que le Cerf.

Chevreuil.— Le *Chevreuil*, s'il n'était considéré comme le meilleur des gibiers à poil, serait facile à réduire en domesticité ; il s'y prêterait volontiers ; il multiplie en grand nombre dans nos bois ; tant qu'il n'est pas chassé, il ne craint nullement le voisinage de l'homme.

Chevreuil.

Antilope. — Le genre *Antilope* est riche en espèces, dont la taille varie depuis celle du Cheval jusqu'à celle de la Chèvre. L'espèce la plus disposée à la familiarité avec l'Homme est la *Gazelle*, modèle de grâce et de douceur ; elle s'apprivoise aisément et vit à l'état de domesticité sous les tentes des Arabes dans tout le Nord de l'Afrique.

Pachydermes. — Tous les herbivores qui ne ruminent pas ont été réunis dans le groupe des *Pachydermes*, bien qu'ils aient d'ailleurs entre eux très peu d'analogie. Les principaux genres de cet ordre sont : 1° le *Cheval ;* 2° l'*Ane ;* 3° le *Sanglier ;* 4° le *Tapir ;* 5° l'*Hippopotame ;* 6° le *Rhinocéros ;* 7° l'*Eléphant.*

Cheval. — La particularité la plus remarquable de la conformation du Cheval, c'est d'avoir les doigts du pied enfermés dans un ongle unique nommé *sabot*. Les naturalistes ont réuni dans un même groupe, sous le nom de *solipèdes*, le *Cheval*, l'*Ane*, le *Zèbre*, l'*Hémione* et les autres animaux qui présentent cette particularité, et qui n'ont que des rapports éloignés avec le reste des *Pachydermes*. L'Arabie paraît être la patrie primitive du Cheval ; c'est du moins dans ce pays que le Cheval atteint sa plus grande perfection, tant pour l'harmonie des formes que pour le courage et l'instinct. Le Cheval se nomme *Poulain* tant qu'il n'est pas adulte ; sa femelle se nomme *Jument*. Le Cheval a produit en domesticité une foule de sous-races appropriées à leurs diverses destinations.

Cheval.

Ane. — Dans le midi de l'Europe et dans

Zèbre. Ane.

les pays de l'Orient où l'*Ane* est bien nourri

et bien traité, c'est un fort bel animal ; il n'est laid et disgracieux que là où il est maltraité et misérable. Sa sobriété, sa patience sont proverbiales ; c'est de toutes les bêtes de somme celle dont les services coûtent le moins cher. L'*Hémione* de l'Inde orientale, aux formes élégantes, et le *Zèbre* d'Afrique, à la robe rayée, sont des espèces voisines de l'Ane, qu'il serait facile de réduire en domesticité.

Sanglier. — Il est difficile de trouver quelque trait de ressemblance entre l'Ane et le *Sanglier*, ou son descendant direct le *Porc* domestique. Dans nos forêts, le Sanglier est un gibier dont la chasse n'est pas toujours exempte de danger. Les dents saillantes du Sanglier, nommées *défenses*, sont pour lui, quand il est forcé, des armes redoutables dont il se sert contre les Chiens, et dans l'occasion, contre les chasseurs.

Le Porc domestique issu du Sanglier a produit en domesticité de nombreuses races, toutes élevées uniquement comme article de consommation.

Sanglier.

Le *Porc mâle* adulte est nommé *Verrat*, la femelle se nomme *Truie*. C'est la plus féconde des femelles de nos animaux domestiques.

Tapir. — Le *Tapir* se rapproche du Porc sous plusieurs rapports ; il s'en éloigne par la longueur de son nez mobile qui forme une sorte de trompe. Le Tapir appartient aux régions intertropicales des deux continents. Sa chair, excessivement grasse, d'une saveur musquée, n'est pas mangeable.

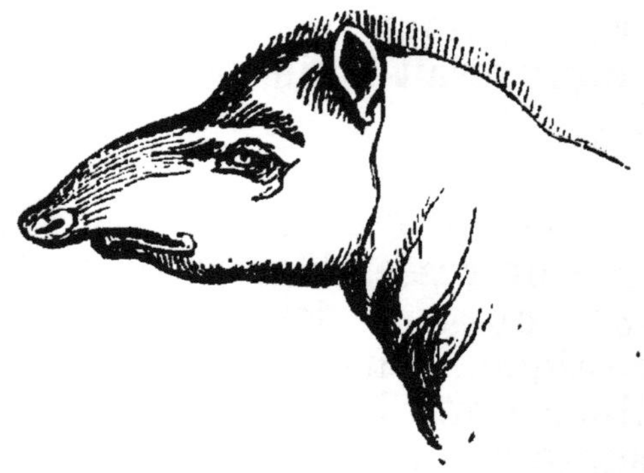

Tapir.

Hippopotame. — Le nom de cet animal signifie *Cheval de rivière ;* il n'a cependant

Hippopotame.

aucun trait de ressemblance avec le Cheval.

Il passe la plus grande partie de son temps au bain, la tête seule hors de l'eau ; il est farouche, mais inoffensif ; il n'a aucune disposition à se familiariser avec l'Homme. Il multiplie en grand nombre dans les fleuves des parties inhabitées du continent Africain.

Rhinocéros. — On connait peu les mœurs du *Rhinocéros*, qu'on trouve dans les grandes forêts de l'Afrique et de l'Asie orientale. Sa peau, à l'épreuve de la balle, est une véritable cuirasse. Il a pour caractère distinctif une corne, quelquefois deux, qui se dressent sur le milieu de son nez ; c'est ce qu'exprime son nom dans la langue grecque.

Eléphant. — L'*Eléphant* est le plus grand et le plus robuste, non-seulement des *Pachydermes*, mais de tous les animaux terrestres du globe. Réduit en domesticité, il se soumet et sert l'Homme avec beaucoup de zèle et d'intelligence. Mais nulle part il n'est réellement domestique, parce qu'il ne multiplie qu'en liberté. La trompe de l'Eléphant, prolongation de son nez, dont il se sert fort adroitement comme d'une main, le distingue de tous les autres *Pachydermes.* On fait la guerre aux Eléphants sauvages pour s'emparer de l'ivoire de leurs défenses, substance d'une grande valeur. La femelle de l'Eléphant est la seule parmi les quadrupèdes, dont les mamelles sont sur la poitrine.

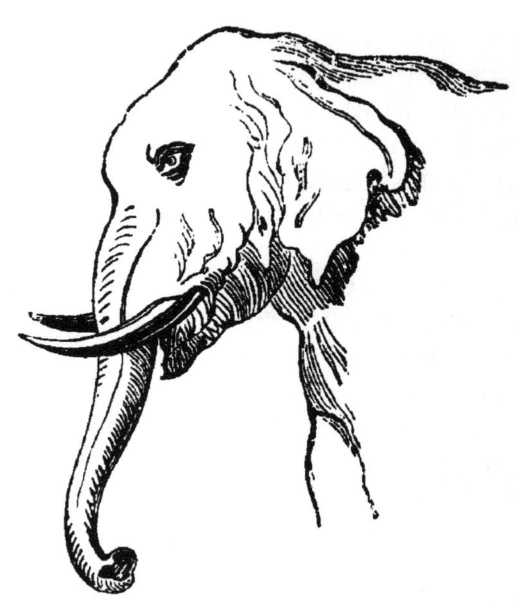

Eléphant.

Édentés. — Un seul caractère, l'absence complète ou presque complète des dents, est commun à tous les animaux de l'ordre des *Edentés*. Du reste, ils ne se ressemblent sous aucun rapport. Les *Edentés*, très peu nombreux, sont presque tous confinés dans les parties les moins peuplées de l'Amérique du Sud. L'homme ne peut en tirer aucun parti ; ce sont de simples curiosités d'histoire naturelle.

Les principaux genres des Edentés sont : 1° le *Tatou* ; 2° le *Pangolin* ; 3° le *Tamanoir* ; 4° le *Paresseux*.

Le *Tatou*, aussi nommé *Armadille*, est pourvu d'une enveloppe solide, dans laquelle il peut, à volonté, rentrer sa tête et ses pattes, comme la tortue dans son écaille. Il se nourrit de fourmis; ses ongles, très robustes, lui servent à creuser un terrier où il passe la plus grande partie de son existence.

Le *Pangolin* est revêtu de fortes écailles imbriquées comme celles d'une carpe ; il se nourrit de fourmis comme le *Tatou*. Son museau et sa queue très prolongée lui donnent une sorte de ressemblance avec un lézard. C'est un animal timide et inoffensif.

Le *Tamanoir*, aussi nommé *Fourmilier*, a les formes du Pangolin ; mais au lieu d'écailles, il porte une fort belle fourrure rayée de blanc et de noir. Il vit, comme le *Tatou* et le *Pangolin*, aux dépens des innombrables fourmilières des forêts vierges de l'Amérique du Sud.

Le *Paresseux* n'a pas, hors l'absence de presque toutes les dents, la moindre analogie avec les autres Edentés. Ses ongles énormes lui servent à grimper sur les arbres dont il mange les feuilles. Sa conformation lui rend tout déplacement si difficile qu'il est excusable d'être *paresseux*. Sa tête ressemble grossièrement à celle de quelques grandes espèces de *Singes*.

Rongeurs. — Il n'y a aucune analogie entre les *Edentés* et les *Rongeurs ;* ces derniers sont tous pourvus de fortes dents incisives. La manière dont ils s'en servent est l'origine du nom de cet ordre divisé en deux groupes : 1° les *grands Rongeurs;* 2° les *petits Rongeurs*.

Les principaux genres du groupe des

Grands Rongeurs sont : 1° le *Castor;* 2° le *Porc-Epic;* 3° le *Lapin;* 4° le *Lièvre;* 5° la *Gerboise;* 6° la *Marmotte;* 7° *l'Ecureuil;* 8° le *Loir;* 9° le *Lérot.*

Le groupe des *Petits Rongeurs* comprend : 1° le *Rat;* 2° le *Mulot;* 3° le *Campagnol;* 4° la *Souris.*

Grands Rongeurs. — Le *Castor*, partout où il peut se croire à l'abri des atteintes de l'Homme, forme des sociétés nombreuses qui exécutent de grands travaux en commun. Ses huttes à deux étages sont des modèles de construction solide et légère ; sa queue plate est son principal outil de maçon. Là où il manque de sécurité, il n'a guère plus d'instinct et d'industrie que le *Lapin.* Les chasseurs du Canada font une guerre acharnée au *Castor* à cause du prix élevé de sa fourrure; c'est une race qui ne tardera pas à s'éteindre.

Le Porc-Epic, assez nombreux dans les Hautes-Alpes, porte au lieu de poils de longs piquants bigarrés de blanc et de noir. Il montre très peu d'instinct; sa chair n'est pas mangeable; il n'est utilisé sous aucun rapport.

Le Lapin, réduit de temps immémorial en domesticité, est l'animal dont la chair, saine et nourrissante, peut être obtenue aux moindres frais. Le Lapin domestique coûte peu à nourrir et multiplie beaucoup. Le Lapin sauvage multiplie tellement et commet de tels dégâts dans les champs cultivés, qu'il est dermis de le chasser en toute saison. La robe du Lapin domestique est de diverses couleurs; celle du Lapin sauvage est uniformément grise. Lâchez en liberté, dans un bois, des Lapins domestiques de toute couleur, en quelques générations, ils redeviendront tous gris.

Lapin domestique.

Le *Lièvre*, considéré comme l'un des meilleurs gibiers à poil, n'a jamais été réduit à l'état domestique; il ne multiplie qu'en liberté.

La *Gerboise*, qui habite l'Egypte, se distingue par la longueur de ses pattes de derrière et la brièveté de celles de devant; c'est un animal gracieux et plein de gentillesse.

La *Marmotte*, très commune dans les Alpes, est douée de l'instinct social; elle tapisse d'herbes sèches et de mousse les creux de rochers où plusieurs familles de Marmottes hivernent en commun. La *Marmotte* s'endort à la fin de l'automne et ne s'éveille qu'au printemps; elle s'apprivoise aisément, mais elle ne multiplie qu'en liberté. Sa chair est à peine mangeable.

L'*Ecureuil*, très commun dans toutes les grandes forêts de l'Europe, se construit sur les arbres les plus élevés un nid à la manière des oiseaux; il est, comme la *Marmotte*, sujet au sommeil hivernal. Elevé en cage, il s'attache à son maître et perd l'habitude de dormir tout l'hiver, il ne multiplie pas en captivité.

Le *Loir* commence à dormir plus tôt que la *Marmotte*, et s'éveille plus tard ; il est en automne le fléau des jardins dont il dévore les plus beaux fruits.

Le *Lérot* a les même mœurs que le *Loir* et commet dans les vergers les mêmes dégâts. Le *Loir* et le *Lérot* peuvent être apprivoisés et vivre en captivité comme l'*Ecureuil* auquel ils ressemblent beaucoup.

Petits Rongeurs. — Ce groupe comprend des animaux trop connus par les dommages qu'ils causent à l'homme partout où ils multiplient avec excès.

On ne connaît, jusqu'à présent, aucun autre moyen d'éloigner des habitations les *Petits Rongeurs*, que d'y entretenir des Chats, leurs ennemis naturels. Les Rats énormes qui multiplient prodigieusement dans les égouts des grandes villes sont détruits périodiquement dans de grandes chasses, où l'on en tue des milliers, sans parvenir à en extirper complétement la race.

Rat.

Insectivores.—Cet ordre est le moins nombreux de toute la classe des *Mammifères*; il ne forme qu'un seul groupe et ne contient que trois genres : 1° la *Taupe*; 2° la *Musaraigne*; 3° le *Hérisson*.

La *Taupe* est rangée à juste titre parmi les animaux les plus nuisibles; elle bouleverse, par ses galeries souterraines et ses monticules de terre remuée, les champs cultivés et les prairies. Pressée par une faim très impérieuse, la Taupe recherche incessamment entre deux terres les vers et les larves d'insectes dont elle se nourrit. Ses pattes de devant, semblables à des mains, sont admirablement appropriées au genre de travail auquel elle est forcée de se livrer. On cherche à détruire la Taupe au moyen de divers piéges dont elle se défie, de sorte qu'ils manquent souvent leur effet.

La *Musaraigne*, d'une taille très exiguë, ressemble à une très petite Souris; elle se nourrit d'insectes comme la Taupe; mais elle se loge dans les crevasses des vieux murs et ne se creuse pas de galeries souterraines.

Le *Hérisson* porte au lieu de poils des piquants minces et courts mais très acérés. Il ne détruit pas seulement des insectes; il fait aussi la guerre aux vipères, et rend à l'homme le service d'en tuer un bon nombre.

Hérisson

Cheiroptères. — Les animaux de l'ordre

des Cheiroptères sont les plus hideux de tous les *Mammifères*. Les doigts prodigieusement allongés de leurs pattes de devant, terminées par des ongles crochus, sont réunis par une membrane que l'animal peut replier et déployer à volonté. A l'aide de cette membrane qui fait les fonctions d'une paire d'ailes, l'animal peut, non pas effectuer de longs voyages aériens, mais voltiger à la nuit tombante pour saisir au vol les insectes crépusculaires dont il se nourrit exclusivement.

L'ordre des *Cheiroptères* ne comprend qu'un seul groupe, celui des *Vespertilionidés*, dont les principaux genres sont 1° la *Chauve-Souris* d'Europe ; 2° la *Roussette* de l'Amérique méridionale.

La *Chauve-Souris* est sujette, comme quelques rongeurs, au sommeil hivernal ; c'est pour elle une nécessité ; car, en hiver, elle ne trouverait pas d'insectes pour se nourrir. Sa laideur est la seule cause de l'aversion qu'elle inspire ; elle ne rend à l'homme que de bons services en détruisant un multitude d'insectes nuisibles.

Chauve-Souris

La *Roussette* d'Amérique a les mœurs de la *Chauve-souris*, dont elle est la reproduction en grand ; elle ne s'endort pas en hiver parce que, dans les pays qu'elle habite, il n'y a pas d'hiver ; elle trouve toujours des insectes pour se nourrir et pour chasser toute l'année.

On peut regarder comme une fable l'habitude attribuée aux grosses Chauves-souris du Nouveau Monde, de sucer pendant leur sommeil le sang des bestiaux et même des Hommes, ce qui leur a fait donner le surnom de *Vampires*. Ces énormes Chauves-souris sont fort laides, assurément ; ce n'est pas leur faute. Elles n'ont jamais tué personne.

Carnassiers. — L'ordre des *Carnassiers* est l'un des plus nombreux de la classe des *Mammifères* : il ne contient que des animaux d'une organisation très complète et d'un instinct très développé, dont l'un, le *Chien*, est le compagnon le plus fidèle de l'Homme et son ami le plus dévoué.

Les *Carnassiers* sont rangés en deux groupes ou *familles* : 1° Les *Plantigrades* ; 2° les *Digitigrades*. Ces deux familles sont suffisamment caractérisés par leurs habitudes de marcher, les *Plantigrades* en s'appuyant sur la plante des pieds, les *Digitigrades* en prenant leur point d'appui sur les doigts seulement. Un troisième groupe comprend quelques genres de *Carnassiers* qui ne se rattachent naturellement à aucune des deux principales familles de cet ordre.

Les *Carnassiers* ne se nourrissent pas tous exclusivement de chair ; quelques-uns, parmi les Plantigrades sont en même temps carnivores et frugivores ; d'autres *Carnassiers* ne se nourrissent que de poisson.

Les principaux genres de la famille des *Plantigrades*, sont : 1° L'*Ours*; 2° le *Raton* : 3° le *Glouton* : 4° le *Blaireau*.

La famille des *Digitigrades* est la plus riche en genres et espèces de toute la classe des *Mammifères* : elle comprend deux groupes principaux : 1° Les *Chats* : 2° les *Chiens*.

Plantigrades. — L'*Ours* est le type de la famille des *Plantigrades* : ses principales espèces sont l'*Ours brun*, répandu dans les Alpes et les Pyrénées ; l'*Ours noir*, très nombreux dans les forêts de la Russie et de l'Amérique du Nord, et l'*Ours blanc*, qui habite le voisinage du pôle nord.

L'*Ours brun* et l'*Ours noir* sont sujets au sommeil hivernal ; ils vivent principalement de végétaux ; ils ne chassent que pressés par la faim ; dans ce cas, ils sont dangereux même pour l'Homme. La fourrure de tous les Ours est très recherchée, la plus précieuse est celle de l'Ours noir.

L'Ours blanc, relégué, sur les glaces du pôle nord, vit principalement de pêche ; il donne aussi la chasse au *Phoque*, et dans l'occasion à l'Homme.

Ours noir.

Le *Raton*, de l'Amérique du Nord, est un Ours noir en miniature, ses mœurs sont celles de l'Ours : sa fourrure est plus précieuse que celle de l'Ours noir.

Le *Glouton* habite l'Amérique du Nord ; il ne vit que de proie vivante ; il doit son nom à sa voracité. Sa fourrure, d'un brun doré, est d'un grand prix.

Le *Blaireau*, connu dans le Nord de la France sous le nom de *Tesson* est répandu dans toute l'Europe. C'est un animal herbivore, inoffensif ; il se creuse un terrier où règne la propreté la plus minutieuse. On lui fait la guerre pour s'emparer de sa fourrure noire et blanche, utilisée par l'industrie de la brosserie, et pour la fabrication des pinceaux.

Blaireau.

Digitigrades.—Les animaux de cette famille sont au nombre des plus féroces et des plus dangereux pour l'homme, spécialement ceux du groupe des *Chats* bien caractérisés par leurs ongles *rétractiles*, que l'animal peut allonger ou faire rentrer en les dissimulant entre ses doigts, quand il ne veut pas s'en servir.

Chats. — Ce groupe comprend : 1° le *Chat domestique;* 2° le *Guépard ;* 3° le *Léopard ;* 4° la *Panthère;* 5° le *Lion ;* 6° le *Tigre ;* 7° le *Couguar ;* 8° le *Jaguar.*

Le *Chat domestique* se retrouve encore à l'état sauvage dans quelques-unes de nos grandes forêts. On sait les services qu'il rend à l'Homme en donnant la chasse aux petits Rongeurs. Le Chat, bien traité, s'attache jusqu'à un certain point à ses maîtres; mais il reste indépendant par caractère; il est sujet à des retours de férocité; il n'est jamais prudent de se fier trop complétement à ses témoignages d'affection. Le Chat *Angora* ou d'*Angora*, au poil très long, est le plus beau de son espèce; c'est aussi le plus indolent et le moins utile comme chasseur.

Le *Guépard*, aussi nommé *Once*, est le moins féroce des *Chats;* on s'en sert en Perse comme on se sert en Europe du Chien de chasse; il est sans exemple qu'il ait abusé de ses dents et de ses griffes contre son maître.

Le *Léopard*, un peu plus grand que le *Guépard*, est aussi farouche que le Guépard est sociable; on lui donne la chasse pour sa fourrure mouchetée, d'une rare beauté.

La *Panthère*, très commune dans les forêts de l'Afrique française et dans celles du Nouveau Monde, est aussi féroce que le Léopard. La plus redoutable sous ce rapport est la Panthère toute noire de l'île de Java. L'espèce commune fournit une fourrure mouchetée, d'un grand prix. La chasse de la Panthère est très dangereuse; les coups de feu ne la font pas fuir; le chasseur qui la tire et la manque, est souvent sa victime.

Le *Lion* est surnommé bien à tort le *roi des animaux*, auxquels il inspire une grande frayeur, mais qu'il ne gouverne en aucune façon. Il ne chasse que quand il a faim, ne tue jamais inutilement, et ne semble pas se plaire à faire souffrir ses victimes. Son courage vient surtout du sentiment de sa force;

il sait qu'il est le plus fort parmi les grands Carnassiers Il y a des exemples de Lions élevés en domesticité et parfaitement apprivoisés. Le Lion multiplie en captivité; mais sous le climat européen, ses petits résistent difficilement à la crise de la dentition.

Lion.

Le *Tigre* n'est pas, quoi qu'en disent la plupart des naturalistes, beaucoup plus féroce que le *Lion*; il chasse plus souvent parce qu'il a plus d'appétit; sa femelle témoigne à ses petits un extrême attachement. La fourrure rayée du tigre est d'un grand prix. Le *Tigre*, comme le *Lion*, peut s'apprivoiser; le sultan indien, Tippo-Saëb, avait un Tigre aussi sociable que le Chat le mieux élevé.

Tigre.

Le *Couguar*, aussi nommé *Puma*, est le Lion du Nouveau Monde ; il est moins grand et moins fort que le Lion de l'ancien continent ; le mâle est dépourvu de crinière, comme la femelle.

Le *Jaguar*, est sans contredit, le plus beau et le mieux vêtu des grands Carnassiers Digitigrades du groupe des Chats. Les Espagnols du Mexique et de l'Amérique du Sud, donnent improprement au *Jaguar* le nom de *Tigre*. Il est tellement multiplié dans certaines contrées du Nouveau Monde, que chaque plantation entretient sous le nom de *Tigreros* des chasseurs expressément chargés de faire la guerre aux *Jaguars*.

Les naturalistes placent à la suite du groupe des *Chats*, l'*Hyène*, qui ne ressemble que de loin aux grands Carnassiers de ce groupe. L'*Hyène*, préfère les cadavres à toute autre nourriture, et chasse rarement pour vivre. On en connaît deux espèces, l'*Hyène tachetée* et l'*Hyène rayée*, l'une et l'autre très répandues dans toute l'Afrique française.

Chiens. — Le groupe des chiens comprend quatre genres principaux : 1° le *Chien ;* 2° le *Loup ;* 3° le *Chacal ;* 4° le *Renard*. Tous se ressemblent par la conformation extérieure, le nombre des dents, et, en partie, par l'instinct très développé.

Le *Chien*, dont la souche primitive parait être le *Chien de Sibérie* au long poil, aux oreilles droites, au museau pointu, a donné en domesticité une multitude de variétés distinctes, sans compter les bâtards qui n'offrent les caractères d'aucune race. On connaît leur utilité pour la garde des bestiaux, pour la chasse et pour la défense des habitations. Lorsqu'on allie deux Chiens de même taille, de races entièrement différentes, en continuant à choisir comme reproducteurs les individus les plus rapprochés des caractères de la race qu'on veut obtenir, à la quatrième génération, cette race reparaît dans toute sa pureté, et sauf les mésalliances, elle se soutient sans altération.

Les Chiens qui montrent le plus de courage et d'intelligence sont ceux qui, comme le *Chien de berger* et le *Chien-Loup*, ont conservé le poil long, les oreilles droites et le museau effilé de la race primitive.

Loup. — Le *Loup*, au point de vue de l'histoire naturelle, ne diffère du Chien par aucun caractère essentiel. Sa destruction complète en Angleterre, depuis le moyen âge, serait opérée en Europe si tous les chasseurs du continent voulaient se concerter à cet effet. Le Loup, pris jeune, semble s'apprivoiser ; mais il a des retours de férocité dangereux pour son maître. Il fait preuve d'un instinct très développé dans la guerre qu'il fait aux Moutons de nos bergeries. Souvent pendant les rudes hivers, les Loups, qui vivent habituellement isolés, se réunissent par bandes, et, se sentant en force, ils attaquent quelquefois l'Homme.

Loup.

Le *Chacal*, plus rapproché du Loup que du Chien, tient par ses mœurs et son instinct, de l'un et de l'autre. Sans la mauvaise odeur qu'il exhale, il serait au même titre que le Chien au rang de nos animaux domestiques; on le rencontre par bandes nombreuses dans toute l'Asie et dans le Nord de l'Afrique.

Le *Renard*, grand ennemi de nos basses-cours, qu'il dépeuple assez souvent en dépit de la surveillance des ménagères de la campagne, devrait être détruit depuis longtemps dans tous les pays civilisés. On connaît son adresse et ses ruses pour s'emparer de sa proie ; il est tellement défiant qu'il se prend rarement aux piéges dressés pour le détruire.

Le troisième groupe des *Carnassiers digitigrades* qui ne sont ni des *Chats* ni des *Chiens* comprend la *Civette* qui fournit en Orient un parfum très recherché. La *Fouine*, ennemie des basses-cours, aussi dangereuse que le *Renard*; le *Putois*, aussi féroce que la *Fouine* et, de plus, exhalant une odeur insupportable; la *Martre*, recherchée des chasseurs pour la beauté de sa fourrure et la *Loutre*, qui mérite une mention spéciale.

La *Loutre*, très différente des autres *Carnassiers digitigrades*, peut plonger et rester assez longtemps sous l'eau, pour saisir le poisson dont elle se nourrit. On peut la dresser à la pêche, et lui apprendre à rapporter le poisson, pourvu qu'on ne lui en refuse pas sa part légitime. C'est de tous les *Carnassiers digitigrades* celui qui, par ses mœurs comme par sa conformation, s'éloigne le plus des autres animaux du même ordre et leur ressemble le moins.

Quadrumanes.—L'ordre des *Quadrumanes* est caractérisé par quatre membres dont les extrémités son terminées par des doigts *prenants*, qui forment réellement quatre mains, origine du nom de cet ordre. Il ne comprend que deux groupes : 1° les *Makis ;* 2° les *Singes.*

Les Makis, peu nombreux, n'ont avec les autres *Quadrumanes* d'autre trait de ressemblance que leurs quatre mains. Ils vivent en troupes dans les forêts des régions intertropicales et ne semblent pas doués d'un instinct très développé. Leur fourrure est agréablement rayée de brun et de gris clair; ils forment l'anneau qui rattache les *Quadrupèdes* aux *Quadrumanes.* La famille des *Singes* contient un grand nombre de genres dont les principaux sont : 1° l'*Ouistiti ;* 2° le *Sapajou ;* 3° le *Macaque ;* 4° le *Callitriche ;* 5° le *Gibbon ;* 6° le *Chimpanzé ;* 7° le *Gorille ;* 8° l'*Orang-Outang.*

Les quatre derniers approchent de la taille de l'Homme, dont ils semblent être des caricatures. Tous les Singes ont au plus haut degré l'instinct d'imitation ; plusieurs sont capables de recevoir une certaine éducation, mais non de s'attacher à leur maître, qui doit toujours prendre ses précautions dans ses rapports avec eux. La laideur des Singes est proverbiale; toutefois, il y a des Singes qui ne sont pas beaucoup plus laids que certains Hommes.

Les Singes vivent en sociétés nombreuses. Ils se nourrissent exclusivement de végétaux, il n'en est pas qui chassent pour vivre.

Callitriche.

Anthropologie. — Après une revue sommaire de tous les êtres doués de la vie animale, il convient d'arrêter un moment nos regards sur l'Homme. L'étude de l'Homme, branche importante du savoir humain sous le nom d'*Anthropologie*, a produit de nombreux volumes, et elle n'est pas complète. Dans son état actuel, le genre humain comprend quatre grandes divisions : 1° La *race blanche*, à laquelle appartiennent les Européens ; elle a ses types les plus parfaits parmi les *Tcherkesses* ou *Circassiens* du Caucase, et leurs voisins les Géorgiens ; 2° La *race jaune*, caractérisée par la convergence des yeux ; les *Chinois*, les *Tartares*, les *Birmans* et les *Annamites* appartiennent à cette race ; 3° La *race noire*, caractérisée, indépendamment de sa couleur, par la laine qui tient sur sa tête la place des cheveux ; cette race occupe la plus grande partie du continent Africain ; La *race rouge*, aux traits calmes, empreints de mélancolie, presque dépourvue de barbe, répandue dans les deux Amériques.

La race la plus nombreuse, en dehors de ces quatre divisions principales du genre humain, est la *race Malaise*, de couleur olivâtre, répandue dans la presqu'île de Malacca, le grand Archipel Indien, et les îles innombrables de la Polynésie.

La race blanche Européenne est, de toutes, la plus éclairée, la plus laborieuse et la plus avancée dans les voies de la civilisation.

TABLE DES MATIÈRES

Paris. — Imp. de Dubuisson et Ce, rue Coq-Héron, 5.

CONDITIONS DE LA SOUSCRIPTION.

L'ÉCOLE MUTUELLE, cours complet d'Éducation populai. par une société de Professeurs et de Publicistes, formera vingt-quatre volumes divisés en quatre séries de 6 volumes.

On reçoit franco dans toute la France une série de 6 volumes pour DEUX francs — le cours complet pour HUIT francs. — Adresser mandats ou timbres-poste au directeur, rue Coq-Héron, 5, à Paris.

LISTE DES OUVRAGES

Grammaire	Hygiène et Médecine.
Arithmétique. — Tenue de livres.	Histoire ancienne.
Dessin linéaire et Géométrie	Histoire du moyen âge.
Géographie générale.	Histoire moderne.
Géographie de la France	Histoire de France.
Cosmographie et Géologie	Droit usuel et Législation.
Musique.	Philosophie et Morale.
Histoire naturelle.	Mythologie. — Hist. des religions.
Botanique.	Histoire littéraire.
Agriculture et Horticulture.	Inventions et Découvertes.
Physique.	Dictionnaire de la langue française usuelle (2 volumes).
Chimie.	

25 centimes le volume. — 35 centimes rendu franco.

SE TROUVE

A *Paris*, chez....
- DUBUISSON et Cie, libraires, rue Coq-Héron, 5.
- L. MARPON, libraire, galeries de l'Odéon, 4 à 7.
- DUTERTRE, libraire, passage Bourg-l'Abbé, 18 et 20.
- MARTINON, libraire, rue Grenelle-Saint-Honoré, 14.

A *Bordeaux*, chez. FERET, libraire, fossés de l'Intendance, 15.

A *Marseille*, chez.
- CAMOIN, libraire, rue Cannebière, 1.
- LAVEIRARIÉ, libraire, rue Noailles.

A *Toulon*, chez.... RUMÈBE, libraire, sur le port.

Au *Havre*, chez.. [illegible] -Rue.

BIBLIOTHEQUE NATIONALE DE FRANCE
3 7531 05030974 0

Pour les ouvr[illegible] pon.

[illegible] et Cie, 5, rue Coq-Héron.

www.ingramcontent.com/pod-product-compliance
Ingram Content Group UK Ltd.
Pitfield, Milton Keynes, MK11 3LW, UK
UKHW020244180726
13839UKWH00001B/158